中等职业教育资源环境类专业课改教材

工程地质资料整理

主编 杨照祥
主审 孙志刚

黄 河 水 利 出 版 社
·郑 州·

内 容 提 要

本教材以项目化教学方式进行编写，按工作过程设置项目，共分为四个项目、三个附录。项目下设置知识点、操作方法、实训任务、实训成果及拓展训练，主要特色是简化知识点，详述操作方法，明确实训任务。具体项目包括划分工程地质单元、统计岩土工程参数、绘制工程地质图、编写工程地质勘察报告。其中，绘制工程地质图项目以理正工程地质勘察软件为载体，分四个任务分别介绍勘探数据的录入、平面图的生成、剖面图的生成、柱状图的生成，编写工程地质勘察报告项目详细介绍了工程地质勘察报告编写的章节内容及分析方法。附录内容包含钻孔平面布置图、剖面图及柱状图范例，生产单位岩土工程勘察报告范例和用于学生实训的经初步整理的工程勘察资料。

本教材适于中高职院校工程勘察类学生使用，也可作为岩土工程勘察人员的参考书。

图书在版编目(CIP)数据

工程地质资料整理/杨照祥主编. —郑州：黄河水利出版社，2015. 3

中等职业教育资源环境类专业课改教材

ISBN 978 -7 -5509 -1037 -9

Ⅰ. ①工…　Ⅱ. ①杨…　Ⅲ. ①工程地质 - 技术档案 - 档案整理 - 中等专业学校 - 教材　Ⅳ. ①P642 ②G275. 3

中国版本图书馆 CIP 数据核字(2015)第 044079 号

组稿编辑：简群　电话：0371 -66026749　E-mail：W _ jq001@ 163. com

出 版 社：黄河水利出版社

地址：河南省郑州市顺河路黄委会综合楼 14 层　邮政编码：450003

发行单位：黄河水利出版社

发行部电话：0371 -66026940、66020550、66028024、66022620(传真)

E-mail：hhslcbs@ 126. com

承印单位：河南省瑞光印务股份有限公司

开本：787 mm ×1 092 mm　1/16

印张：7. 25

字数：168 千字　印数：1—1 500

版次：2015 年 3 月第 1 版　印次：2015 年 3 月第 1 次印刷

定价：18. 00 元

前　言

目前中职学校开设工程勘察技术专业的极少,高职院校也不多,工程地质资料整理在高职院校或本科相关专业中未单独设为一门课程,而是作为工程地质勘察课程中的一个章节,到现在为止,还没有正式出版过一本专门的工程地质资料整理教材。2013 年贵州省水利电力学校成功申报全国第三批示范建设学校,工程勘察专业又作为一个重点建设专业,在行业参与的课程体系建设中,确定开设工程地质资料整理课程,并制定了相应的课程标准,借示范学校建设的机会,工程勘察专业教师对工程地质资料整理教材进行了编写。

为适应中职学生的培养目标,努力提高学生的专业技能和实际动手能力,编写本教材时,始终突出地域性、实用性和可操作性。首先,针对贵州地区的地质条件,主要介绍了山区可溶岩地区资料整理的主要方法和内容,范例和实训资料均为本地区的工程资料;其次,选用了生产单位使用较广的理正工程地质勘察软件,用较大篇幅介绍了使用勘察软件绘制工程地质图的操作步骤和注意事项;最后,紧扣现行规程规范对勘察报告章节和内容的要求,详细介绍了勘察报告编写的内容、资料来源、分析方法及使用的规范条款,并附有工程地质图范例、实际工程勘察报告范例。学生以范例为参照,用教材后所附的经初步整理的工程勘察资料,可自行完成一套工程地质图的绘制和一份岩土工程勘察报告的编写。

本教材由杨照祥主编,吴永忠、王洁、刘瑾参编。初稿完成后,编者相互进行了校对,并请贵州省建筑设计研究院国家注册岩土工程师孙志刚进行了主审,其提出了许多宝贵的修改意见,最后由主编定稿。

由于编者水平有限,书中缺点、错误在所难免,恳请指正。

编　者

2015 年 1 月

目　录

绪 论

(1)工程地质资料整理的基本概念

工程地质资料整理是在工程地质测绘、勘探、测试、检验与监测所得各项原始资料、数据和搜集已有资料的基础上,结合工程特点和要求进行的综合分析和整理。它把现场勘察得到的工程地质资料进行统计计算、归纳和分析,绘制成图件和表格,并以文字报告的形式加以说明,提交给工程设计部门和工程施工部门使用。

工程地质图是通过各种工程地质勘察方法,如工程地质测绘、工程地质勘探、室内试验与原位测试、现场检验与检测等所取得的成果,经过分析综合编制而成的如实反映某一勘察地区工程地质条件的图件。它既可用来反映工作区的工程地质条件,又可对建筑场区的自然条件进行综合评价。为了将场区内各种工程地质条件和现象的空间分布及相互关系定量地表示出来,最好的办法是编制工程地质图。工程地质图主要包括工程地质平面图(钻孔平面布置图)、工程地质剖面图、钻孔柱状图及其他专门图件。

工程地质勘察报告是工程地质勘察的最终成果,是建筑地基基础设计和施工的重要依据。其任务在于阐明建筑物的特点及场区的工程地质条件,分析场地的建筑适宜性,提出合适的岩土工程参数,对地基基础进行评价,并提出正确的结论及建议。不同的工程项目、不同的勘察阶段,报告反映的内容和侧重点有所不同。

(2)岩土工程分析评价的要求

岩土工程分析评价应在工程地质测绘、勘探、测试和搜集已有资料的基础上,结合工程特点和要求进行。岩土工程分析评价应符合下列要求:

①充分了解工程结构的类型、特点、荷载情况和变形控制要求;

②掌握场地的地质背景,考虑岩土材料的非均质性、各向异性和随时间的变化,评估岩土参数的不确定性,确定其最佳估值;

③充分考虑当地经验和类似工程的经验;

④对于理论依据不足、实践经验不多的岩土工程问题,可通过现场模型试验或足尺试验取得实测数据进行分析评价;

⑤必要时可建议进行施工监测,调整设计和施工方案。

(3)岩土工程分析评价的方法

岩土工程分析评价应在定性分析的基础上进行定量分析。对场地的适宜性、场地地质条件的稳定性,可仅作定性分析。需作定量分析评价的内容有:岩土体的变形性状及其极限值;岩土体的强度、稳定性及其极限值;岩土压力及岩土体应力的分布与传递;其他各种临界状态的判定问题。

岩土工程分析评价应根据岩土工程勘察等级区别进行。对丙级岩土工程勘察,可根据邻近工程经验,结合触探和钻探取样试验资料进行;对乙级岩土工程勘察,应在详细勘探、测试的基础上，结合邻近工程经验进行，并提供岩土的强度和变形指标；对甲级岩土工程勘察，除按乙级要求进行外，尚宜提供载荷试验资料，必要时应对其中的复杂问题进行专门研究，并结合监测对评价结论进行检验。

岩土工程分析评价的定性分析可根据建筑场地工程地质条件结合建筑物的特点进行分析；定量分析可采用解析法、图解法和数值法。其中解析法是使用最多的方法，它是以经典的刚体极限平衡理论为基础进行的，这种方法的数学意义严格，但应用时对实际地质条件有一定的限制，边界条件和计算参数也都存在误差和不确定性，应用受到一定的限制。图解法和数值法在近些年有很大的发展，尤其是计算机的普遍使用为数值法的发展提供了广阔的前景，是目前发展的方向。任务需要时，可根据工程原型或足尺试验岩土体性状的量测结果，用反分析的方法反求岩土参数，验证设计计算，查验工程效果或事故原因。

(4)图件及文字报告的基本要求

工程地质图应根据建筑物的类型、规模、勘察设计阶段及场区地质条件的复杂程度进行编制。其必须合理地反映场区的工程地质条件，并且要清晰易读，只有充分、客观地反映场区工程地质条件，才能作出正确的评价。同时，要注意突出重点，有选择地反映工程地质条件，使图面主次分明，美观清晰。

图幅应尽量采用标准图幅，A0 = 1 189 mm × 841 mm、A1 = 841 mm × 594 mm、A2 = 594 mm × 420 mm、A3 = 420 mm × 297 mm、A4 = 297 mm × 210 mm，加宽加长应符合规范要求。图件除反映实质性的工程地质条件内容外，还应包含图框、图名、比例尺、图例、图签及必要的说明等辅助内容。

文字报告章节要符合相关规范和标准的要求，简明扼要，主题突出，围绕关键性的工程地质问题进行论述，要求有实际材料和可信数据，有分析计算过程，分析方法正确，计算无误，结论正确，建议合理。为了更清楚地说明各种工程地质条件和工程地质问题，应充分利用插图、照片及表格。文字力求条理清晰，前后吻合，与有关图表配合一致。

勘察报告应有良好的装帧，可一册合装或分册装订。图纸较多，且幅面较大时，图纸与文字报告可以分装。勘察报告装订的次序应符合下列要求：

①封面；

②扉页；

③目录；

④文字报告；

⑤图表；

⑥附件。

勘察报告的封面应包括下列内容：

①报告名称；

②勘察阶段；

③勘察单位；

④勘察日期。

勘察报告的扉页应包括下列内容：

①报告名称；

②勘察阶段；

③报告有关责任人(报告编写人,项目负责人,审核、审定、技术负责人,总工程师,总经理等)签名；

④勘察单位；

⑤勘察证书等级及编号；

⑥勘察日期。

(5)学习本课程的重要性

勘察报告是否能正确反映工程地质条件和岩土工程特点,关系到工程设计和建筑施工能否安全可靠,经济合理。报告中未能客观反映对建筑物有不良影响的工程地质条件,或未分析出可能出现的工程地质问题以及所提出的岩土工程参数优于实际数据,都有可能对建筑物的安全构成严重威胁,造成建筑物变形破坏的后果。如果所提出的岩土参数、分析结论及建议过于保守,则会使设计和施工增加不必要的安全措施,造成投资浪费,经济不合理。

要写出高质量的工程地质勘察报告,外业和试验资料准确可靠是关键,而内业资料整理过程中的分析方法及岩土参数的取值也不容忽视。因此,工程地质资料的内业整理是勘察工作的主要组成部分。学会了后期室内工程地质资料的整理,特别是工程地质问题的分析评价,反过来可以指导前期现场勘察资料的搜集工作,避免出现工程地质资料的主次不清或遗漏。

(6)本课程的学习内容及学习方法

本课程的内容主要包括工程地质单元的划分、岩土工程参数的统计、工程地质图的绘制及工程地质勘察报告的编写四个部分。本课程是在学完所有专业基础课及工程地质分析原理、工程地质勘探与测试等专业课程之后才开设的课程,是之前所学专业基础课与专业课程的综合体现。

本课程分四个项目进行学习,学习方法可归纳为四个结合:一是结合以前所学课本。本课程基本无新的知识点,所涉及的概念、公式、分析方法等均分散在之前的课程中,因此学习本课程的同时,还应重温之前所学的相关知识和内容。二是结合相关规范。在资料整理过程中,岩土参数的统计方法及计算公式,工程地质条件评价的方法及内容,以及绘制图件和编写报告的要求,在相关规范中都有相应的规定,因此学习本课程中还应查阅相关规范。最常用的规范主要有《房屋建筑和市政基础设施工程勘察文件编制深度规定》、《岩土工程勘察规范》、《建筑地基基础设计规范》、《建筑抗震设计规范》等。三是结合工程案例资料。通过学习实际工程的成果资料,了解各种工程地质图表示的内容及表示方法,报告编写的章节及应阐述的内容,并用经初步整理的地勘资料,自己完成一套工程地质图及一份工程地质报告。四是结合专门的勘察软件。现阶段工程地质图的绘制主要依靠专门的勘察软件来完成,勘察软件已成为工程地质资料整理必不可少的有力工具。目前贵州地区勘察单位使用较广的勘察软件主要有理正勘察软件及 KT3000 勘察软件。

项目一 划分工程地质单元

1 知识点

由于岩土体的非均匀性和各向异性以及参数的测定方法、条件和工程类别的不同等多种原因,因此岩土参数分散性、变异性较大。为保证岩土参数的可靠性和实用性,必须进行岩土参数的统计和分析。通常情况下,对勘察中获取的大量数据指标需按工程地质单元及层次分别进行统计整理,以求得具有代表性的指标。

所谓工程地质单元,是指在工程地质数据的统计工作中具有相似的地质条件或在某方面具有相似的地质特征,而将其作为一个可统计单位的单元体。在工程地质单元体中,物理力学性质指标或其他地质数据大体上是相同的,但不完全一致。

对同一土层中相间呈韵律沉积,当薄层与厚层的厚度比大于1/3 时,宜定为"互层";厚度比为1/10 ~1/3 时,宜定为"夹层";厚度比小于1/10 的土层,且多次出现时,宜定为"夹薄层"。当土层厚度大于0.5 m时,宜单独分层。

2 划分方法

在检查、整理勘探原始资料的基础上,应结合测绘与调查资料、实验室和原位测试成果,进行岩土分层,确定主层、亚层及次亚层的名称和编号,一级单元作为主层,二级单元作为亚层,三级单元作为次亚层,或者二级单元作为主层,三级单元作为亚层。

岩土分层时,应首先将不同地质时代或不同地质成因的岩土划分为一级单元,如岩石和土层;在一级单元内按岩性、土类再分为二级单元,如岩石中的石灰岩、白云岩、泥岩、页岩、砂岩等,土层中的碎石土、砂土、粉土、黏性土、特殊土(红黏土、填土)等;在二级单元内按某一特性进一步细分为三级单元,如某一岩石按风化程度分为强风化、中风化、微风化,红黏土按稠度状态分为硬塑、可塑、软塑,如图1.1 所示。

3 实训任务

根据附录三第三点所提供的钻孔资料,划分该场地的工程地质单元,确定单元等级、编号及名称。

第一步:通读场地内所有钻孔资料;

第二步:列出场地内出现的土层名称及岩石名称;

第三步:列出场地内土层出现的状态名称或按成分确定的名称;

第四步:列出场地内岩石出现的风化程度;

第五步:划分主层、亚层及次亚层;

第六步:对划分的各层进行统一编号。

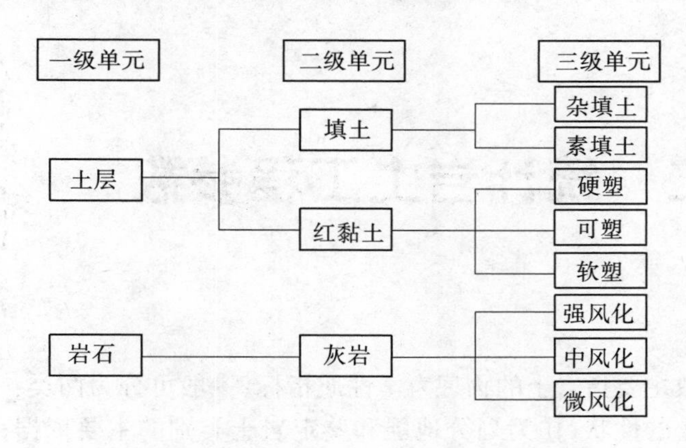

图1.1

4　实训成果

将工程地质单元的划分结果填入表1.1中。

表1.1　贵州省水利电力学校实训楼工程地质单元划分表

主层		亚层		次亚层	
编号	名称	编号	名称	编号	名称

项目二　统计岩土工程参数

1　知识点

岩土工程参数主要指岩土的物理力学性质指标，一般可分为两类：一类是评价指标，主要用于评价岩土的性状，作为划分地层和鉴定岩土类别的主要依据；另一类是计算指标，主要用于岩土工程设计，预测岩土体在荷载和自然因素及人为因素影响下的力学行为和变化趋势，并指导施工和监测。

经过试验、测试获得的岩土工程参数，数量较多，必须经过整理、分析及数理统计计算，获得指标的代表性数值，才能用于岩土工程的设计计算。指标的代表性数值是在对试验数据的可靠性和适用性作出分析评价的基础上，参照相应的规范，用数理统计的公式计算出来的。在分析岩土指标数据的可靠性和适用性时，着重考虑以下因素：

（1）取样方法和其他因素对试验结果的影响；

（2）采用的试验方法和取值标准；

（3）不同测试方法所得结果的分析比较；

（4）测试结果的离散程度；

（5）测试方法与计算模型的配套性。

进行统计的指标一般包括：土层的天然密度，天然含水率，抗剪强度指标 C、ϕ 值，压缩系数，压缩模量，黏性土的塑限、液限、塑性指数、液性指数，砂土的相对密实度；岩石的天然密度，抗压强度，抗剪强度指标 C、ϕ 值，弹性模量，变形模量；特殊岩土的各种特征指标以及各种原位测试指标。对以上指标在勘察报告中应提供各个工程地质单元或各地层的最小值、最大值、平均值、标准差、变异系数和参加统计数据的数量，对岩土的抗剪强度指标 C、ϕ 值及岩石的饱和单轴抗压强度常要求计算出统计修正系数，并提供标准值。通常统计样本的数量不应小于 6 个。当统计样本的数量小于 6 个时，统计标准差和变异系数意义不大，可不进行统计，只提供指标的范围值。岩土工程参数统计应符合下列要求：

（1）岩土的物理力学性质指标的统计，应按较小的岩土单元进行统计。岩土单元中的夹薄层不应混入统计。

（2）对工程地质单元体内所取得的试验数据应逐个进行检查，对某些有明显错误或试验方法有问题的数据应进行检查或将其舍弃。

（3）每一单元体内，岩土的物理力学性质指标应基本接近。试验数据所表现出来的离散性只能是土质不均或试验误差的随机因素造成的。

2　统计方法

应按下列公式计算平均值(ϕ_m)、标准差(σ_f)和变异系数(δ):

$$\phi_m = \frac{\sum_{i=1}^{n}\phi_i}{n} = \frac{\phi_1 + \phi_2 + \phi_3 + \cdots + \phi_n}{n} \tag{2.1}$$

$$\sigma_f = \sqrt{\frac{1}{n-1}\left[\sum_{i=1}^{n}\phi_i^2 - \frac{(\sum_{i=1}^{n}\phi_i)^2}{n}\right]} = \sqrt{\frac{1}{n-1}(\sum_{i=1}^{n}\phi_i^2 - n\phi_m^2)} \tag{2.2}$$

$$\delta = \frac{\sigma_f}{\phi_m} \tag{2.3}$$

式中　ϕ_i——统计样本数据;

ϕ_m——岩土参数的平均值;

σ_f——岩土参数的标准差;

δ——岩土参数的变异系数;

n——统计样本数。

按下列公式计算统计修正系数和标准值:

$$\gamma_s = 1 \pm \left(\frac{1.704}{\sqrt{n}} + \frac{4.678}{n^2}\right)\cdot\delta \tag{2.4}$$

$$f_k = \gamma_s \cdot \phi_m \tag{2.5}$$

式中　γ_s——统计修正系数,式中正负号的取用按不利组合考虑,内聚力 C、内摩擦角 ϕ、岩石饱和单轴抗压强度均采用负号;

f_k——标准值;

其他符号意义同上。

【例题1】　某工程取可塑状态土样8件,试验后得出其内聚力 C 值(kPa)分别为38.8、37.6、38.0、39.2、37.5、36.8、38.4、37.2,求该状态土样内聚力的标准值。

(1)求平均值:

$$\phi_m = \frac{\sum_{i=1}^{n}\phi_i}{n} = (38.8 + 37.6 + 38.0 + 39.2 + 37.5 + 36.8 + 38.4 + 37.2)/8$$

$$= 303.5/8 = 37.938$$

(2)求平方和:

$$\sum_{i=1}^{n}\phi_i^2 = 38.8^2 + 37.6^2 + 38.0^2 + 39.2^2 + 37.5^2 + 36.8^2 + 38.4^2 + 37.2^2$$

$$= 11\ 518.73$$

(3)求标准差:

$$\sigma_f = \sqrt{\frac{1}{n-1}(\sum_{i=1}^{n}\phi_i^2 - n\phi_m^2)} = \sqrt{\frac{1}{8-1}(11\ 518.73 - 8 \times 37.938^2)} = 0.793$$

(4)求变异系数:

$$\delta = \frac{\sigma_f}{\phi_m} = 0.793/37.938 = 0.021$$

(5)求统计修正系数：

$$\gamma_s = 1 - \left(\frac{1.704}{\sqrt{n}} + \frac{4.678}{n^2}\right)\cdot\delta = 1 - \left(\frac{1.704}{\sqrt{8}} + \frac{4.678}{8^2}\right)\times 0.021 = 0.986$$

(6)求标准值：

$$f_k = \gamma_s \cdot \phi_m = 0.986 \times 37.938 = 37.41$$

3 实训任务

根据附录三第四点所提供的试验资料表1和表2，用计算器手工统计出硬塑和可塑红黏土 C、ϕ 值的标准值，以及岩石饱和单轴抗压强度的标准值。

第一步：确定试验土样的稠度状态。根据附录三第四点表2所提供的土样试验资料和项目四表4.2确定红黏土的稠度状态，并按不同的稠度状态对土样进行归类。

第二步：对硬塑红黏土的 C、ϕ 值进行统计计算。分别计算出 C、ϕ 值的平均值、标准差、变异系数、统计修正系数和标准值。

第三步：对可塑红黏土的 C、ϕ 值进行统计计算。分别计算出 C、ϕ 值的平均值、标准差、变异系数、统计修正系数和标准值。

第四步：根据附录三第四点表1所提供的岩样试验资料，计算出岩石饱和单轴抗压强度的平均值、标准差、变异系数、统计修正系数和标准值。

4 实训成果

将统计计算的结果填入表2.1中。

表2.1 贵州省水利电力学校实训楼岩土参数统计计算表

岩土名称	平均值	标准差	变异系数	统计修正系数	标准值
硬塑红黏土 C 值					
硬塑红黏土 ϕ 值					
可塑红黏土 C 值					
可塑红黏土 ϕ 值					
岩石饱和单轴抗压强度					

要求列出计算公式和计算过程。

5　拓展训练

根据附录三第四点所提供的试验资料表1和表2,用Excel表格函数功能统计出硬塑和可塑红黏土 C、ϕ 值的标准值,以及岩石饱和单轴抗压强度的标准值。

项目三　绘制工程地质图

1　知识点

工程地质图针对工程目的而编制，反映制图地区的工程地质条件，并对建筑的自然条件给予综合性评价。内容反映的详细程度视设计阶段、比例尺的大小、工程特点和要求等不同而不同。一般工程地质图中主要包含以下内容：

1.1　地形地貌

图上应划分地形形态的等级和地貌单元，根据比例尺的大小决定划分的详细程度。包括主要地貌单元、地形起伏变化、高程、地面切割情况等。地形地貌条件对建筑场地和线路的选择、对建筑物的布局和结构型式以及施工条件都有影响。例如地形起伏变化及沟谷发育情况对交通线路和渠道工程的选线及建（构）筑物布置常具有决定性意义；斜坡的高度和形状影响到挖填方边坡的土方量和稳定性；同时地形地貌条件对水文地质条件和物理地质现象的发育情况往往起着控制性的作用。在平面图中通过地形等高线、地貌单元分界线、水系、高程点等表示，在剖面图中以剖面地面线表示。

1.2　地质构造

地质构造主要是基岩产状、褶皱及断裂。其内容一般包括各种岩土层的分布范围、接触关系，产状，褶曲轴线及类型，断层的位置、性质、产状及破碎带宽度等，另外某些工程（如边坡、洞室工程）应包括岩石的裂隙发育情况。产状及裂隙发育程度对工程地质问题的分析和计算极为重要，例如，在边坡稳定分析中，顺向坡、逆向坡的判断，就与岩层或主要裂隙的产状密切相关，在定量计算稳定系数时，公式中也会用到产状的数据，在计算基岩的承载力时，公式中的折减系数就取决于岩体的破碎程度。在平面图上产状、褶皱、断层均以特定的符号表示，岩土层的分布范围及接触关系一般用不同的线型表示，在剖面图中各种构造用分界线及填充图案的倾向和倾角表示。

1.3　岩土类型及其工程性质

岩土类型及其工程性质是工程地质条件中较重要的方面，是工程建筑的物质基础，包括地层年代、成因类型、岩土性质及名称、分布范围、分布深度以及物理力学性质指标等，一般可通过工程地质单元的划分，区分不同的岩土类型及其工程性质。岩层和土层的力学特性相差较大，工程地质性质大不相同，对工程建筑物的影响最大。在岩层中，不同的岩性，其力学强度、可溶性、渗透性、抗风化能力等也各不相同。土层中不同成因的土层，性质差别也较大。在进行工程地质问题分析时，岩土性质是决定性的因素，如可溶岩分布的岩溶地区，常出现水库的渗漏问题、地基的不均匀沉降问题、溶洞或土洞顶板的稳定问题、地下洞室施工的涌水问题等。岩土类型及其工程性质可用柱状图详细反映，在平面图和剖面图中用岩土层或单元的分界线区分不同的岩土类型、平面和垂直方向的分布范围，岩土的工程力学性质可在图中用文字说明的方式来表达。

1.4　水文地质条件

水文地质条件一般包括隔水层和透水层的分布，岩土层含水性和富水性，地下水位及其变化，地下水类型，流向、流速、渗透性，地下水的化学成分及腐蚀性。在工程地质问题分析中，地下水的作用往往起着不良的恶化作用，如随着地下水位的升高，边坡的稳定性降低，平原地区地下水位的下降可能引起地面的沉降问题，地下水的腐蚀性使建筑物基础使用寿命缩短。在平面图中可以用符号表示井泉，用不同的线型表示地下暗河、地下分水岭等，用箭头表示流向，或绘制专门的等值线平面图，在柱状图及剖面图中用水位线或符号表示地下水位。

1.5　物理地质现象

物理地质现象包括各类物理地质现象的类型、位置、范围、规模和发育强度。在平面图上主要表示类型、位置、范围及规模，在小比例尺图上应当按主次关系把各种物理地质现象的形态及其分区等表示出来，规模较小的一般是用符号在其主要发育地带笼统表示，规模较大的可按实际范围勾绘。在较大比例尺图上应对主要物理地质现象的形态，按实际情况绘在图上。发育强度可用符号加以区别，也可以用分区的办法来分出发育程度不同的区域，例如岩溶、滑坡、崩塌、冲沟的发育程度就可用分区来表示强烈区、中等区、微弱区等。在剖面图中一般可表示不同发育等级的深度、厚度。

此外，工程地质图上，还应表示控制性勘探点的位置、编号、地面标高和勘探坑、孔、峒、井的深度，代表性的工程地质剖面线，综合地质柱状图等。

2　任务一：录入勘探数据

2.1　录入方法

勘探数据为野外采用各种勘探测试手段所获取的工程地质条件资料和室内试验所取得的各种指标数据，是广义的数据资料，其中包含了许多文字信息。本项目以理正工程地质勘察 CAD 软件为例，介绍工民建勘探数据的录入和钻孔平面布置图、钻孔柱状图及剖面图的生成。

以工程为主线，按照新建工程的一般流程介绍数据录入的操作及注意事项，需要注意的是操作流程并非固定不变，用户还可以根据需要按自己习惯的方式适当变更录入数据的顺序，一般流程图如图 3.1 所示。

流程说明：

(1)新建一个工程，工程信息表不是必须录入的表格，分段表仅在公路和铁路标准下为必填。

(2)勘探点表录入完毕才可以录入各勘探孔的数据表，这些数据表可分为四类：基本数据、原位测试、室内试验和载荷试验。

(3)在剖面表中录入当前工程中所有的剖线数据。

(4)数据录入完成后，需对已录入数据进行合法性检查，即数检，该功能同时还可完成一些计算。

数据录入主要在项目窗口中完成，参见图 3.2。

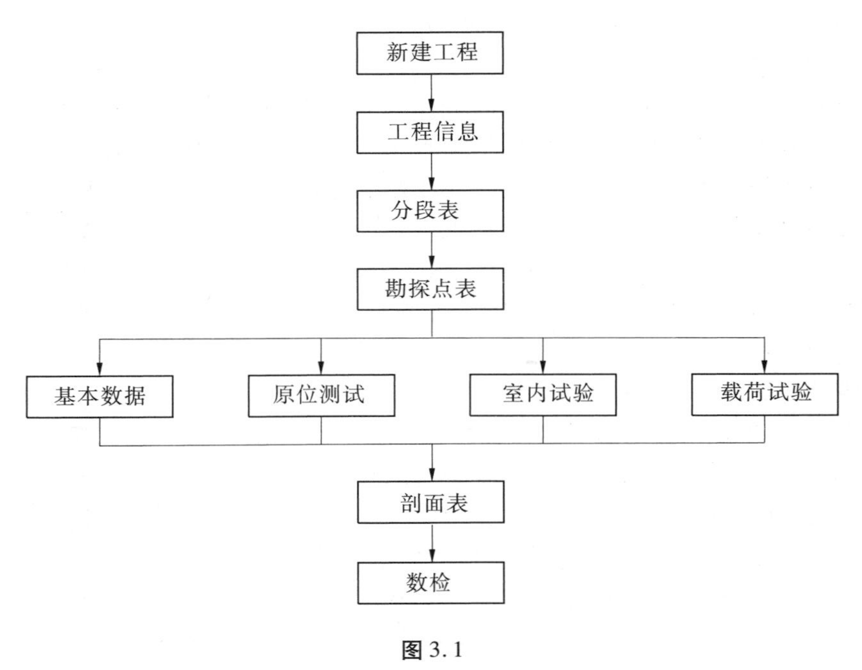

图 3.1

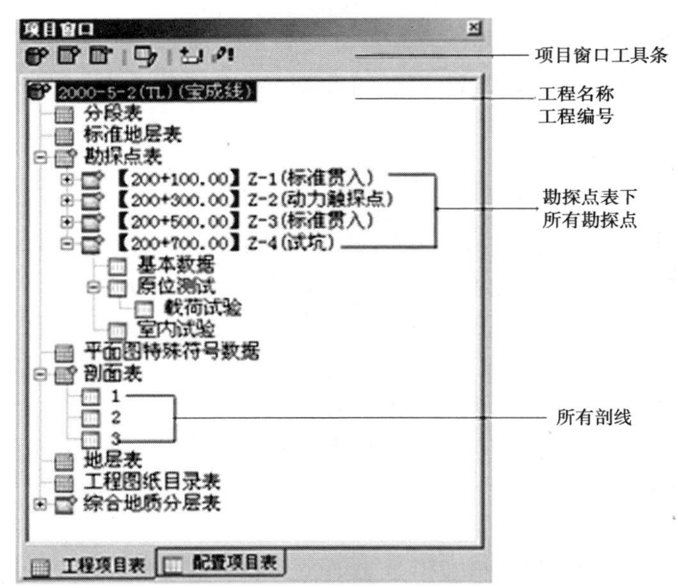

图 3.2

详细步骤可分为 9 步，其中如果是打开已有工程，第一步和第二步合并为打开工程（在“工程管理”下拉菜单下选择“打开工程”，在弹出的对话框中选择已保存过的某个工程即可），第五、六、七步根据工程是否有相关数据选择输入，没有可不用输入。

第一步：新建工程

在“工程管理”下选择“新建工程”，弹出对话框如图 3.3 所示，输入相关参数后点击

“确定”键即可。其中工程编号与工程名称为必填项目。

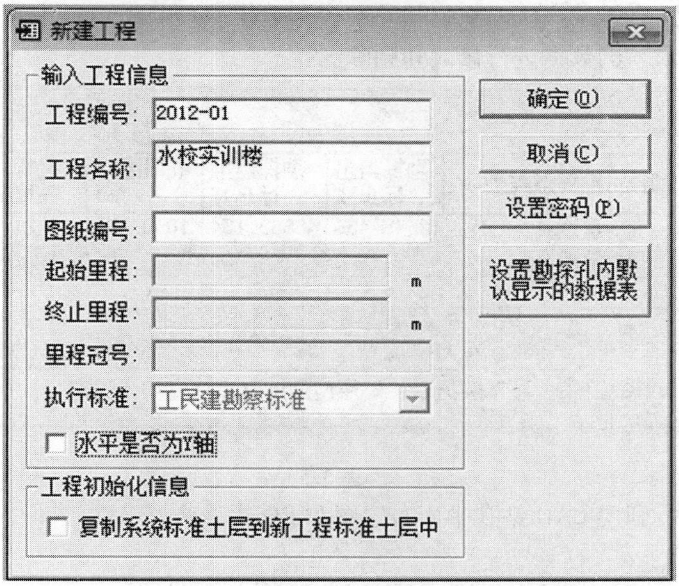

新建工程

输入工程信息

工程编号：2012-01

工程名称：水校实训楼

图纸编号：

起始里程：　m

终止里程：　m

里程冠号：

执行标准：工民建勘察标准

☐ 水平是否为Y轴

工程初始化信息

☐ 复制系统标准土层到新工程标准土层中

确定(O)

取消(C)

设置密码(P)

设置勘探孔内默认显示的数据表

图 3.3

第二步：录入工程信息

输入、编辑工程的详细信息，并可查看当前标准下其他工程的相关信息。在“工程管理”下拉菜单下选择“工程信息”，弹出对话框如图 3.4 所示，根据建设单位提供的勘察委托书输入相关数据，关闭对话框，自动保存工程信息数据。

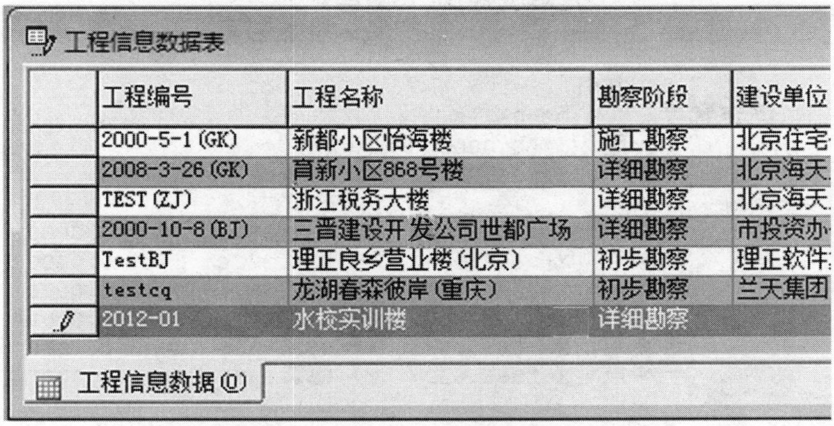

工程信息数据表

工程编号	工程名称	勘察阶段	建设单位
2000-5-1(GK)	新都小区怡海楼	施工勘察	北京住宅
2008-3-26(GK)	育新小区868号楼	详细勘察	北京海天
TEST(ZJ)	浙江税务大楼	详细勘察	北京海天
2000-10-8(BJ)	三晋建设开发公司世都广场	详细勘察	市投资办
TestBJ	理正良乡营业楼(北京)	初步勘察	理正软件
testcq	龙湖春森彼岸(重庆)	初步勘察	兰天集团
2012-01	水校实训楼	详细勘察	

工程信息数据(O)

图 3.4

注意：在工程信息窗口中删除某工程，将删除工程在数据库中的所有数据，务请用户慎用！建议在删除工程前，将该工程的数据备份。

第三步：录入勘探点表

浏览、添加、修改和删除当前工程中所有勘探点数据。双击项目窗口下的“勘探点表”或执行右键菜单的“打开”，弹出对话框如图 3.5 所示，输入相关参数，关闭时提示是否提交，点击提交即可。

第一种方法：直接录入法。在打开的勘探点数据表（见图 3.5）中直接录入各项目的数据，或对已经录入的数据进行修改和删除。

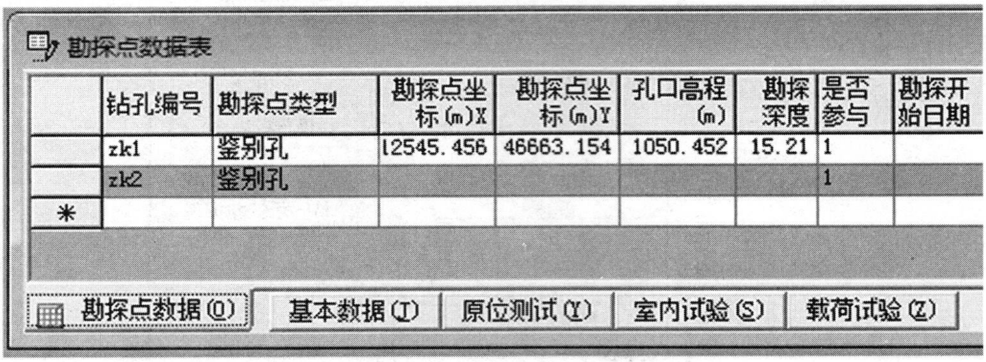

勘探点数据表

	钻孔编号	勘探点类型	勘探点坐标(m)X	勘探点坐标(m)Y	孔口高程(m)	勘探深度	是否参与	勘探开始日期
	zk1	鉴别孔	12545.456	46663.154	1050.452	15.21	1	
	zk2	鉴别孔					1	
*								

勘探点数据(O) 基本数据(J) 原位测试(Y) 室内试验(S) 载荷试验(Z)

图 3.5

第二种方法：利用 CAD 钻孔平面布置图和 Excel 表格，准确录入勘探点坐标。

具体操作如下：

（1）打开 Excel 表格，在 A 列依钻孔编号顺序输入钻孔号。

（2）打开 CAD 钻孔平面布置图，确保图中已知坐标与 CAD 坐标一致。

（3）用“Pline”命令依钻孔编号顺序连线，将所有钻孔用一条多段线连接起来。

（4）执行“List”命令，选择第二步生成的多段线，在弹出的文本窗口中已列出了钻孔点的 X、Y 坐标，如图 3.6 所示。

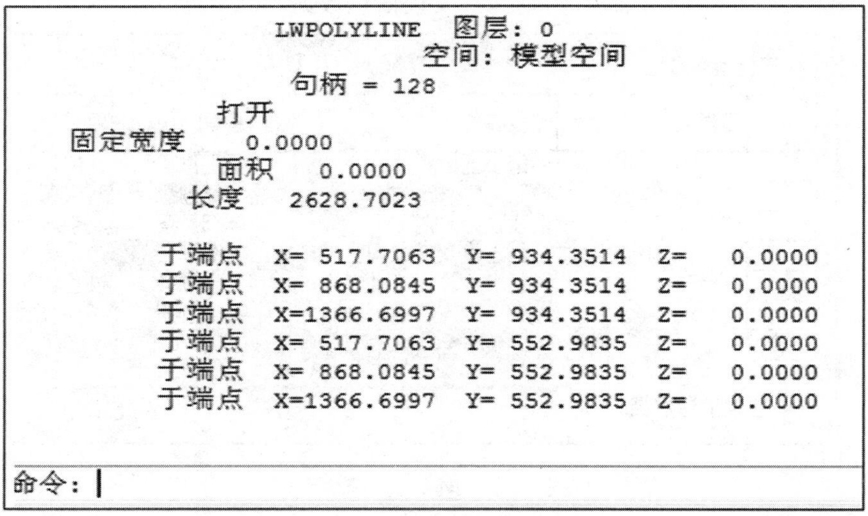

```
LWPOLYLINE  图层: 0
            空间: 模型空间
     句柄 = 128
  打开
固定宽度    0.0000
   面积   0.0000
  长度   2628.7023

于端点  X= 517.7063  Y= 934.3514  Z=   0.0000
于端点  X= 868.0845  Y= 934.3514  Z=   0.0000
于端点  X=1366.6997  Y= 934.3514  Z=   0.0000
于端点  X= 517.7063  Y= 552.9835  Z=   0.0000
于端点  X= 868.0845  Y= 552.9835  Z=   0.0000
于端点  X=1366.6997  Y= 552.9835  Z=   0.0000

命令:
```

图 3.6

（5）整行复制所有坐标数据。

（6）在 Excel 表格 B1 单元格粘贴坐标数据，如图 3.7 所示。

（7）选中粘贴的所有数据，在“数据”下拉菜单中执行“分列”，弹出如图 3.8 所示的对

B2　　f_x　于端点　X= 517.7063　Y= 934.3514

	A	B	C	D	E	F	G	H
1	孔号	X	Y					
2	zk1		于端点	X= 517.7063	Y= 934.3514	Z=	0.0000	
3	zk2		于端点	X= 868.0845	Y= 934.3514	Z=	0.0000	
4	zk3		于端点	X=1366.6997	Y= 934.3514	Z=	0.0000	
5	zk4		于端点	X= 517.7063	Y= 552.9835	Z=	0.0000	
6	zk5		于端点	X= 868.0845	Y= 552.9835	Z=	0.0000	
7	zk6		于端点	X=1366.6997	Y= 552.9835	Z=	0.0000	
8								

图 3.7

话框，首先选择固定列宽，其次将 X、Y 的坐标值分列出来，最后选中不需要的列并勾选“不导入此列(跳过)”，确定后得到只有 X、Y 值的表格，如图 3.9 所示。

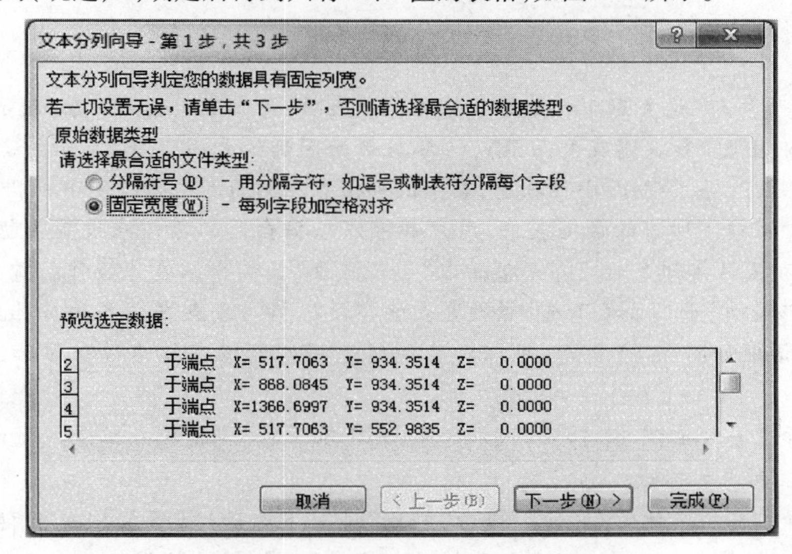

图 3.8

(8)调整小数点位数后，将 Excel 表格中 B、C 列的坐标值复制粘贴到勘探点数据表(见图 3.5)对应的行列中。

注意：

(1)常规录入方法下钻孔编号、勘探点类型和孔口高程必须输入。

(2)若工程没有勘探点的绝对坐标，可输入相对坐标，因为坐标主要是用来在平面图上确定钻孔的相对位置，也可以先不录入坐标而是在平面图底图上直接布置勘探点，之后执行“入库”功能，坐标就会自动写入勘探点表中。

(3)删除勘探点将删除与该勘探点有关的所有数据(比如该勘探点下的基本数据、原位测试数据、室内试验数据等)，删除后不能恢复！在执行删除操作前请确认是否真的删除。

(4)“偏移量”交互为负值表示该勘探点按其里程前进的方向向左的偏移量，为正值则表示向右的偏移量(铁路和公路部门填写)。

G12

	A	B	C	D
1	孔号	X	Y	
2	zk1	517.7063	934.3514	
3	zk2	868.0845	934.3514	
4	zk3	1366.7	934.3514	
5	zk4	517.7063	552.9835	
6	zk5	868.0845	552.9835	
7	zk6	1366.7	552.9835	
8				
9				
10				

图 3.9

(5)“是否参与”设置勘探点是否参与统计和出图,有三个选项:0 - 否,表示该勘探点不参与统计和出图(柱状图及剖面图),但参与平面图的绘制;1 - 是,表示该点参与统计和绘制成果图表;2 - 绘剖面小柱状图,表示该勘探点在剖面图中将绘制小柱状图。

(6)项目窗口下所有的数据表中,用户都可以根据自己的习惯来设置数据表中录入项目的多少和项目排列先后次序。下面以“勘探点表”为例介绍具体操作。首先打开“勘探点表”,在“辅助”下拉菜单下选择“设置表格字段状态”,或点击主界面工具条中的“定制”,弹出对话框如图 3.10 所示,可以对右侧所选用的数据字段名进行添加、删除和排序。

(7)选择工具栏右侧的“钻孔”或从“辅助”菜单下选择“钻孔点编号成批修改”可以完成勘探钻孔编号批修改。

(8)选择工具栏右侧的“交换”,或从“辅助”菜单下选择“勘探点 X,Y 坐标互换”,可以在选择的坐标系不同的情况下,实现对“勘探点表”的钻孔的 X,Y 坐标值互换。

第四步:录入基本数据

第一种方法:直接录入法

在打开的勘探点表下,选中一个勘探点,点击下方的“基本数据”,弹出对话框如图 3.11 所示。该数据表包括“土层”、“分层记录”、“钻孔孔径”、“岩芯采取率 RQD”、“湿度”、“可塑性”、“水位”、“钻孔孔径”、“风化线”和“自定义表一”等数据表,选择需要录入的数据表,填写相应的数据,当有标准的对照选项时,双击即可选择。

在土层数据表中,分层编号应根据岩土单元的划分确定,同一工程内每一个细分的岩土分层单元,对应一个主、亚、次亚层编号,各勘探点同一分层单元,分层编号、地质时代和地质成因应一致,某勘探点无某一层时,可以缺失,不应连续编号。地质成因代号如表 3.1 所示。

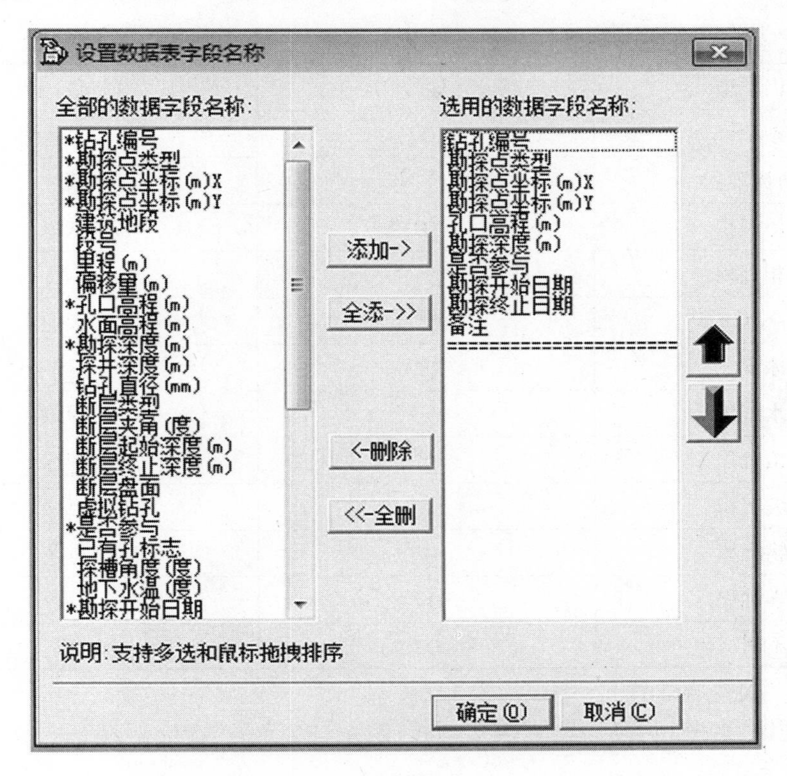

图 3.10

勘探基本数据--【编号:1】

当前编号: 1　最前　向前　向后　最后　主层-亚层: 1-0　标准土层:

主层编号	亚层编号	地质时代	地质成因	层底深度(m)	地层厚度(m)	岩土名称	岩土类别	亚岩土名称	颜色	密实度
1	0	Q4	al	1	1	素填土	填土		褐黄	松散
2	0	Q4	al	3	2	黏质粉土	粉土		褐	松散
2	1	Q4	al	5.8	2.8	砂质粉土	粉土		黄褐	稍密,
3	0	Q4	l	8.8	3	粉质黏土	黏土		黄色	中密

土层(0)　分层记录(1)　钻孔孔径(2)　岩芯采取率、RQD(3)　湿度(4)　可塑性(

图 3.11

表 3.1　第四系地质成因代号及色标

成因类型	代号	色标
人工填土	Q^{ml}	浅黄
冲积	Q^{al}	浅绿
洪积	Q^{pl}	浅橄榄绿
坡积	Q^{dl}	枯黄
残积	Q^{el}	紫
风积	Q^{eol}	黄

续表 3.1

成因类型	代号	色标
湖积	Q^{l}	绿
泥石流堆积	Q^{sef}	紫红
沼泽沉积	Q^{h}	灰绿
海相沉积	Q^{m}	蓝
海陆交互沉积	Q^{mc}	天蓝
冰积	Q^{gl}	棕
冰水沉积	Q^{fgl}	深绿
火山沉积	Q^{b}	暗绿
滑坡沉积	Q^{del}	果绿
生物沉积	Q^{o}	褐黄
化学沉积	Q^{ch}	灰
成因不明沉积	Q^{pr}	橙

注:(1)可用混合符号,例如 Q^{al+pl};

(2)地质年代与成因符号可联合使用,例如 Q_4^{al}。

注意:

(1)"水位"数据表可录入地下水位值,同一钻孔可按实际情况录入多个地下水位值。

(2)"钻孔孔径"数据表针对水利行业而做,用于绘制变径柱状图。

(3)"自定义表一"和"自定义表二"为扩展表,用于添加柱状图上的岩土指标项目(列)。

(4)用鼠标点取该表格右上角的"切换到"的下拉框,如图 3.12 所示,可以切换到同一钻孔的其他几个录入界面(原位测试、室内试验、载荷试验)。

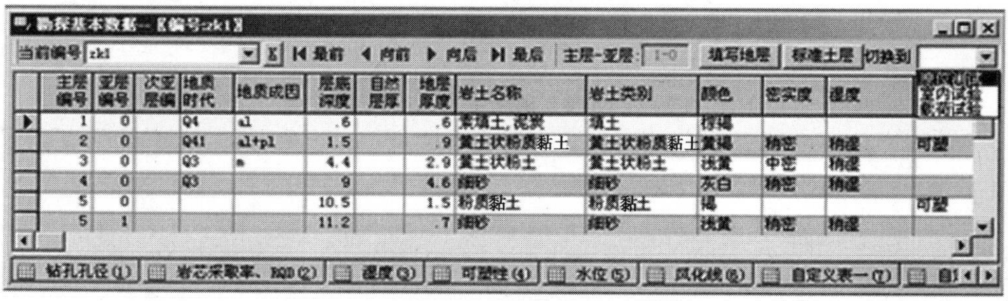

图 3.12

第二种方法:快速录入法

(1)利用标准土层表来快速录入工程数据

在某一地区的土层条件相对变化不是很大的情况下,可以构建标准土层表以达到快速录入原始数据的目的。标准土层分系统标准土层和工程标准土层,系统标准土层在配置信息下,工程标准土层因工程不同而不同。首先需构建系统或工程标准土层表,再利用标准土层表快速录入各勘探点的基本数据。

①构建工程标准土层表

构建本工程标准土层表:第一种方法,可以复制系统标准土层表到本工程中,作为本工程的标准土层表。新建工程时,在如图 3.3 的新建工程对话框中,“复制系统标准土层到新工程标准土层中”项前选择为“√”时,程序将系统标准土层表数据复制到本工程标准土层表中。若新建工程时,未在“复制系统标准土层到新工程标准土层中”项前选择为“√”,可以在“辅助”菜单下选择“复制系统标准土层表到工程标准土层”来实现该功能。

第二种方法,如果系统标准土层表不适用于本工程,需重新构建本工程标准土层表。在如图 3.2 所示的项目窗口中点击“标准地层表”,弹出如图 3.13 所示的标准地层数据表对话框,输入土层相关数据或编辑标准土层,刷新后即可完成本工程标准土层表的构建。

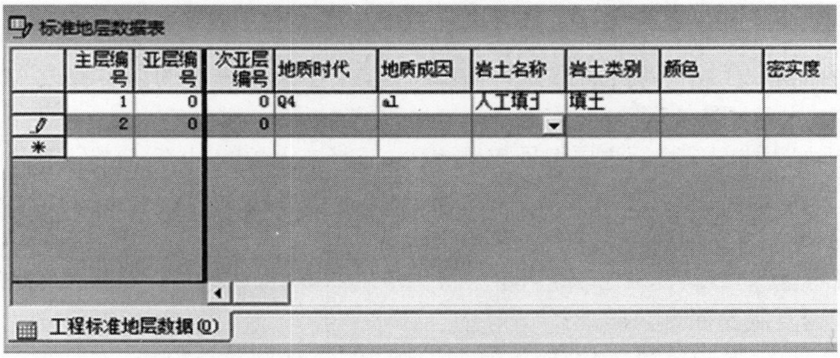

标准地层数据表

	主层编号	亚层编号	次亚层编号	地质时代	地质成因	岩土名称	岩土类别	颜色	密实度
	1	0	0	Q4	al	人工填土	填土		
	2	0	0						
*									

工程标准地层数据(Q)

图 3.13

②使用标准土层表来快速录入工程数据

A. 回到基本数据表,打开土层表,用鼠标点取该表格右上角的“标准土层”,参见图 3.14。

勘探基本数据—【编号:zk2】

当前编号 zk2 | 最前 | 向前 | 向后 | 最后 | 主层-亚层: 1-0 | 填写地层 | 标准土层 | 切换到

	主层编号	亚层编号	次亚层编	地质时代	地质成因	层底深度	自然层厚度	地层厚度	土名代号	岩土名称	岩土类别	亚岩土名	颜色	密实度	湿度	可塑性
▶	1	0		Q3	Qdl	1.2		1.2	stt	杂填土	填土		黄褐	中密	稍湿	可塑
	2	0		Q4	Qml	2.5		1.3	htzfzn	粉质黏土	黏土		褐	松散	湿	可塑
	3	0		Q4	Qpl	4.4		1.9	htzft	细砂	砂土		黄	中密	饱和	
	4	0		Q4	Qpl	8.4		4	xs	粗砂	砂土		杂色	中密	饱和	
	5	0				10.2		1.8	fznt	粉质黏土	粉质黏土		褐			可塑

地层(0) | 钻孔孔径(1) | 岩芯采取率、RQD(2) | 湿度(3) | 可塑性(4) | 水位(5) | 风化线(6) | 自定义表一(

图 3.14

单击后变为“隐藏”,弹出隐藏的标准土层,如图 3.15 所示。

B. 双击标准土层中的某一行或是选择“新增”,在土层表中将自动增加一行新记录,内容为标准土层表中选中的内容,用户只需修改层底深度和其他需要修改的数据即可。

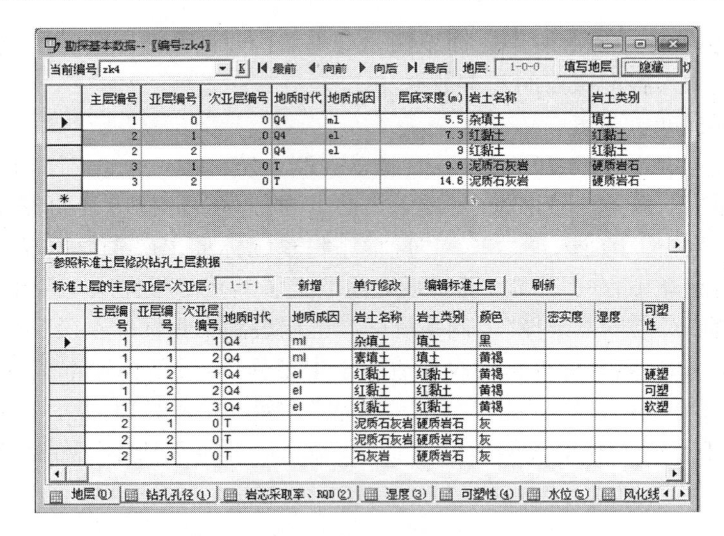

图 3.15

也可以选中标准土层中一行,选择“单行修改”,在土层表中选择的内容将改为选中标准土层的内容,参见图 3.15。

C. 在土层表中只需填写主层编号、亚层编号,选择右上角的“填写地层”,软件将会根据土层的主层、亚层编号自动填写标准土层的对应信息,用户只需修改和添加其他数据即可。

D. 选择中下部的“编辑标准土层”,可打开标准土层进行编辑。单击“刷新”按钮,把修改的内容更新到当前标准土层。单击右上角的“隐藏”按钮则把标准土层收回。

(2)快速复制勘探点数据

①在“辅助”下选择“复制勘探点数据”,弹出“复制勘探点数据”对话框,如图 3.16 所示;

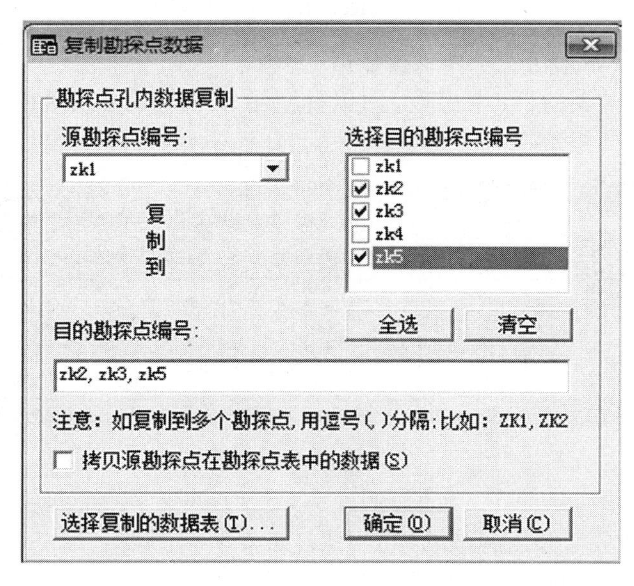

图 3.16

②在对话框左侧源勘探点编号选择被复制的钻孔(勘探点)编号;

③在对话框右侧选择目标钻孔,选择后目标钻孔会在"目的勘探点编号"处自动显示,对于不存在的勘探点,可在"目的勘探点编号"处手动交互,程序会自动新建一个勘探点;

④"拷贝源勘探点在勘探点表中的数据"是设置拷贝时是否覆盖已有勘探点在勘探点表中的数据(如勘探点类型、坐标、孔口高程等值);

⑤点"选择复制的数据表"按钮,弹出对话框如图 3.17 所示,在对话框中选择需要复制源勘探点的数据表,之后点"确定"即可。

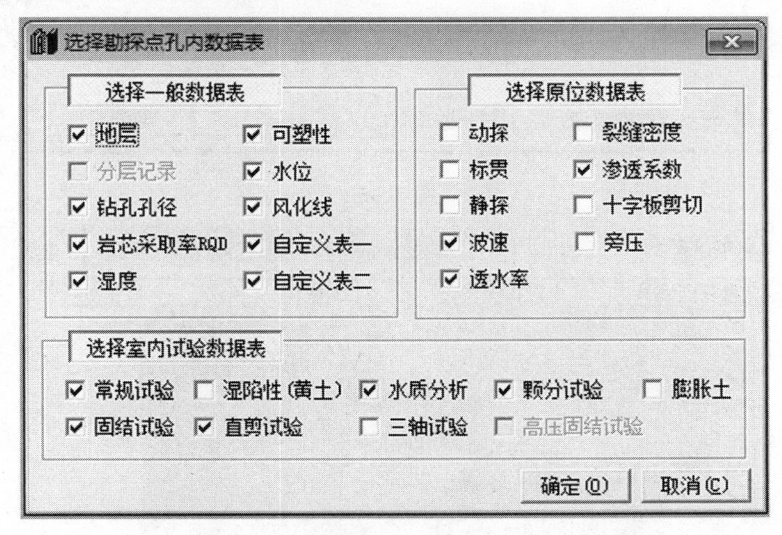

图 3.17

(3)利用已有工程数据来快速录入新工程数据

导入其他工程数据,在"工程管理"下选择"导入其他工程数据",弹出对话框如图 3.18 所示。

选取要导入的工程后,再点取"过滤勘探点",弹出对话框如图 3.19 所示,选择需要的钻孔后点"确定"即可。"覆盖存在的数据"选项前面选择"√"时,表示导入工程钻孔编号与原有工程钻孔编号相同时,数据将被覆盖。

(4)在表格中实现按行、列整体拷贝

可以选中一行(列)或几行(列)数据,然后右键菜单选择"复制",在需要粘贴的位置选中单元格后右键选择"粘贴",如图 3.20、图 3.21 所示。

进行粘贴时,如果剪贴板数据和选中行(列)数不符,会提示数据与选定区域的大小不同,如图 3.22 所示。

如果继续执行粘贴,将对数据进行切割,保证在选定的区域内进行数据拷贝。选择"粘贴追加"可以将所复制的数据,在数据表的最后一条记录开始,按原数据表的格式添加数据表的内容。

(5)字段记录批修改

实现用户选中多行后对数据进行统一批修改的功能。具体操作如下:

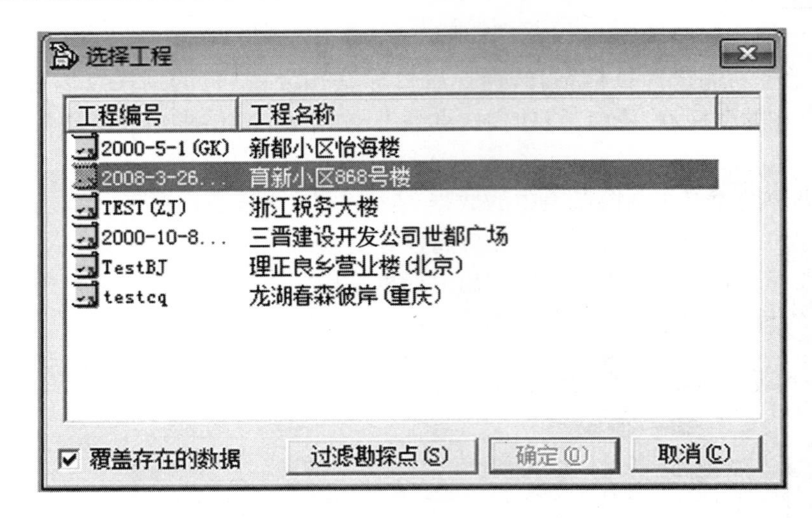

图 3.18

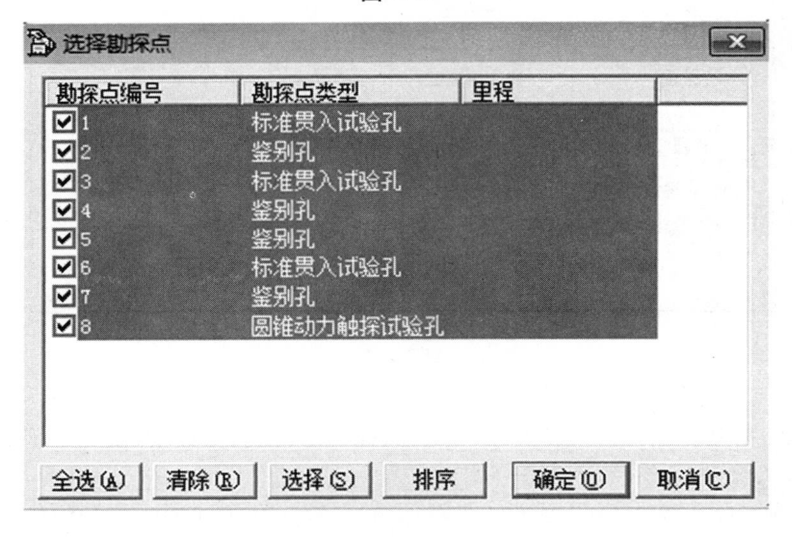

图 3.19

①在数据表中选中要修改的记录行,右键菜单中选择“多行快速编辑”,如图3.23 所示。

②在弹出的批修改对话框(见图3.24)中,选择要统一进行修改的字段,添加内容,同时软件会提供相应的对照信息供用户选择,那些不能批修改项会自动变灰不可修改。

注意:选择要修改多条记录行时,支持用快捷键 Ctrl 选择不连续的记录行,Shift 键选择连续的多条记录行,并且至少要选择两行,才能进行批修改的操作。

第五步:录入原位测试数据

在打开的勘探点表下,选中一个勘探点,点击下方的“原位测试”,弹出对话框如图3.25 所示。该数据表包括“动探”、“标贯”、“静探”、“波速”、“透水率”、“裂缝密度”、“渗透系数”、“十字板剪切”和“旁压”等数据表。选择相应的试验数据表后填入相关试验数据即可。

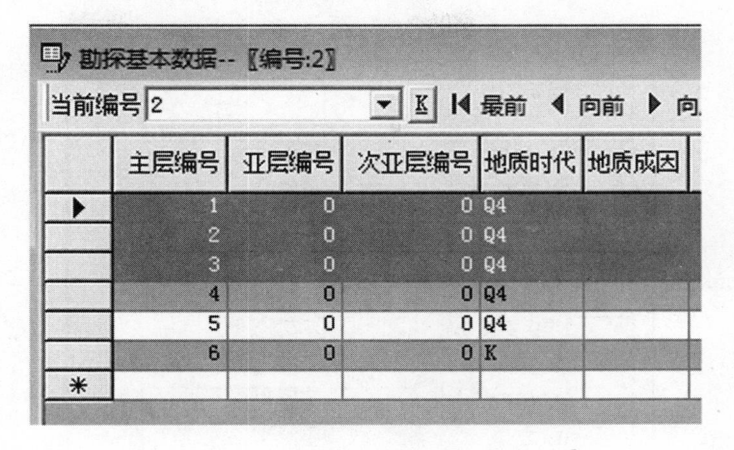

图 3.20

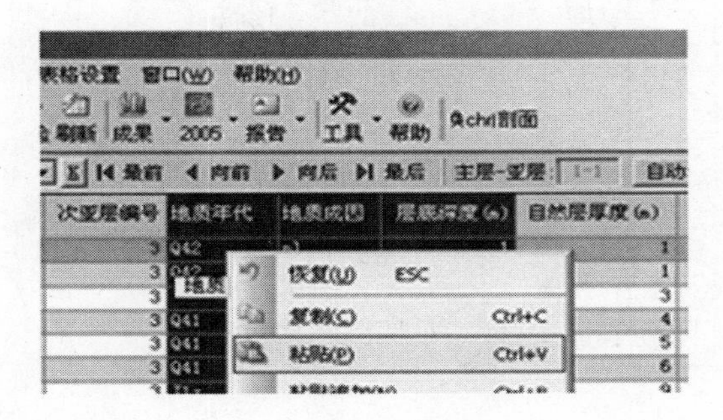

图 3.21

图 3.22

1	1	50	10	5
1	2	75	20	10
1	3	100	25	12
1	4			15
1	5			20
1	6			25
1	7			30
1	8			36
1	9			47
1	10			52
2	1			
2	2			
2	3			
2	4			
2	5			
2	6			
2	7			

恢复(U) ESC
复制(C) Ctrl+C
粘贴(P) Ctrl+V
粘贴追加(N) Ctrl+B
刷新数据(R) F5
修改(M) F11
多行快速编辑(D) F12
删除(S) Del

图 3.23

图 3.24

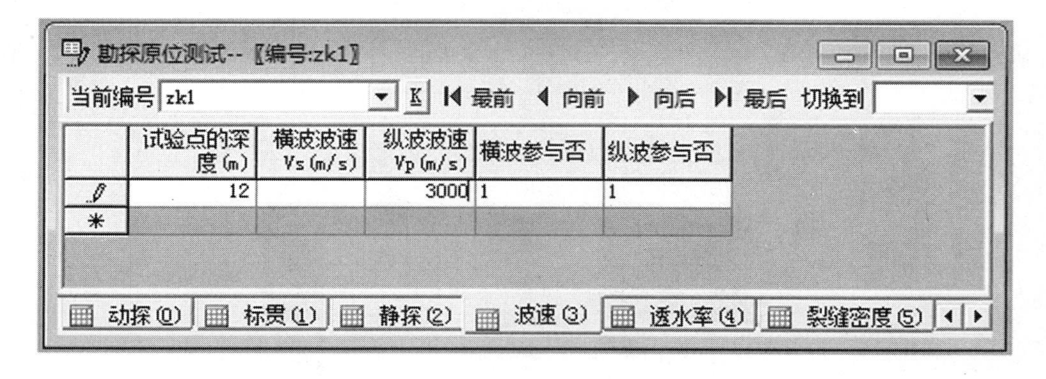

图 3.25

注意:

(1)动探数据表中"修正后击数"和标贯数据表中"修正后的标贯击数"数据项,软件可自动计算添加,用户只需输入修正前的击数,点击工具条中"数检",选择"动探、标贯击数修正"即可完成该数据项的添加,同时用户也可以直接输入修正后击数。

(2)“透水率”、“裂缝密度”、“渗透系数”数据表仅针对水利行业。

第六步：录入室内试验数据

录入取样的土工试验结果数据。

在打开的勘探点表下，选中一个勘探点，点击下方的“室内试验”，弹出对话框如图 3.26 所示。该数据表包括“常规试验”、“湿陷性(黄土)”、“水质分析试样”、“颗分试验项目”、“膨胀土”、“固结试验”、“直剪试验”和“三轴试验”等数据表。根据所做的室内试验选择相应的试验数据表后填入相关项目的数据即可。

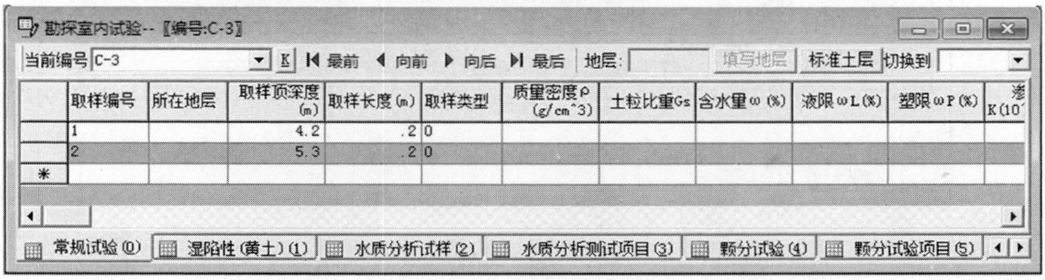

勘探室内试验-- [编号:C-3]

当前编号 C-3　K　最前　向前　向后　最后　地层:　填写地层　标准土层　切换到

	取样编号	所在地层	取样顶深度(m)	取样长度(m)	取样类型	质量密度ρ(g/cm^3)	土粒比重Gs	含水量ω(%)	液限ωL(%)	塑限ωP(%)	渗K(10
	1		4.2	.2	0						
	2		5.3	.2	0						
*											

常规试验(0)　湿陷性(黄土)(1)　水质分析试样(2)　水质分析测试项目(3)　颗分试验(4)　颗分试验项目(5)

图 3.26

注意：只有常规试验中交互了土样数据后，才能在后面的试验项目中录入数据，如果用户没有做常规试验而只是做了其他的某个试验，就需要首先到常规试验表中录入该土样的相关数据。

第七步：录入载荷试验数据

“载荷试验”包括“平板试验概况”、“平板试验取样数据”、“平板试验成果”和“平板试验记录”四个数据表，如图 3.27 所示，填入相应数据即可。

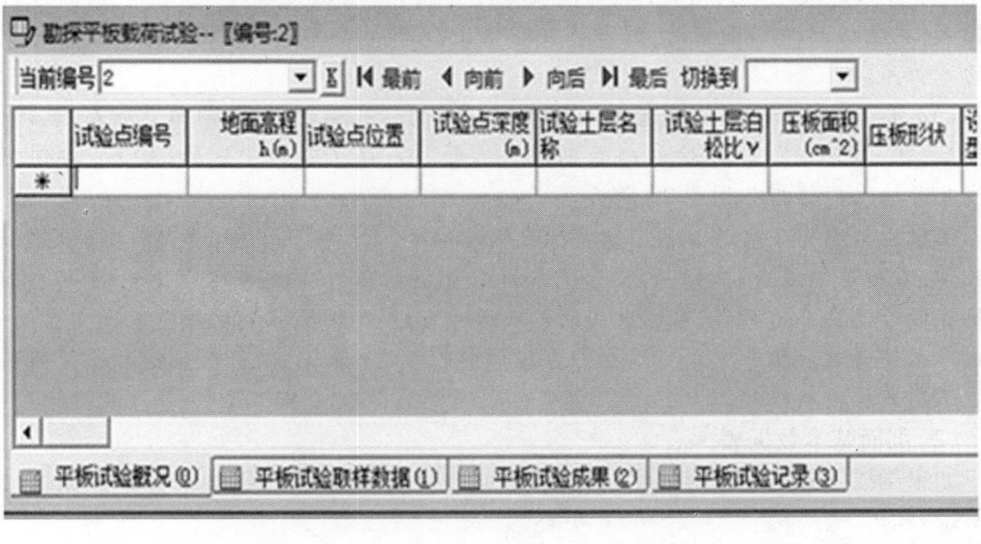

勘探平板载荷试验-- [编号:2]

当前编号 2　K　最前　向前　向后　最后　切换到

	试验点编号	地面高程h(m)	试验点位置	试验点深度(m)	试验土层名称	试验土层泊松比ν	压板面积(cm^2)	压板形状
*								

平板试验概况(0)　平板试验取样数据(1)　平板试验成果(2)　平板试验记录(3)

图 3.27

第八步：录入剖面表

(1)剖面数据表

浏览、添加、修改和删除当前工程中现存的所有剖线数据。

双击项目窗口下的“剖面表”或执行右键菜单的“打开”,弹出剖面数据表对话框如图3.28所示,输入相关参数后即可新增剖线,在打开的剖面表中可直接进行剖线的修改和删除操作。剖线编号也可用A、B、C…表示。

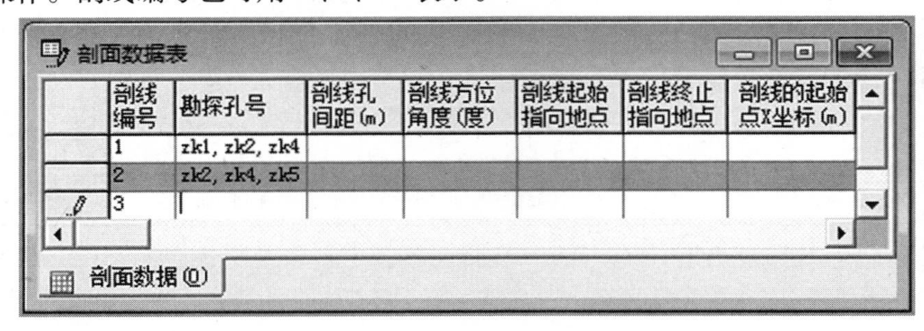

	剖线编号	勘探孔号	剖线孔间距(m)	剖线方位角度(度)	剖线起始指向地点	剖线终止指向地点	剖线的起始点X坐标(m)
	1	zk1, zk2, zk4					
	2	zk2, zk4, zk5					
	3						

图3.28

注意:

(1)剖线编号、勘探孔号必须输入。

(2)输入勘探孔号时,从左向右依次输入剖面所切的勘探孔,各勘探孔号之间用英文的“,”(逗号)隔开。

(3)剖线孔间距指当前剖线中,相邻两孔之间的间距,各间距用英文的“,”(逗号)隔开。在生成剖(断)面图时,如果输入了剖线孔间距,将按照该值生成剖(断)面图,否则将按照里程或钻孔的X、Y坐标来计算孔间距。

(4)录入剖线方位角时,可以输入多个方位角,中间用英文的“,”(逗号)隔开;如果不输入,在生成剖(断)面图时,程序将按照钻孔的X、Y坐标与指北针夹角自动计算剖面线的方位角。

(5)可以采用以下方法快速录入剖线所包含的钻孔编号:打开剖面数据表,选择剖线编号后,在“辅助”下选择“输入剖面勘探点编号”,或从工具栏中选择“输入”按钮,弹出剖线孔号输入对话框如图3.29所示。

图中左边列出了当前工程下所有的勘探点编号,带“*”号的表示当前剖线已经选用的孔号;右边是组成当前剖线的孔号。添加孔号分为单个添加、多个添加和全部添加,选择钻孔编号支持多选方式,对已选用的钻孔编号应进行排序,排列次序与剖面中钻孔的排列次序必须一致。排序方式可以在右边窗口中选中某钻孔后,点击最右边的上下箭头,也可以采用鼠标拖拽排序。

(2)剖面基本数据表

如果剖线钻孔之间地形起伏较大,不是均匀变化,则需录入剖线的详细数据,否则可以不录入。

单击“剖面表”前加号,在罗列的所有剖线中选中一个剖线,双击该剖线或执行右键菜单的“打开”,弹出剖面基本数据对话框如图3.30所示,在各数据表中输入相关参数后关闭即可。

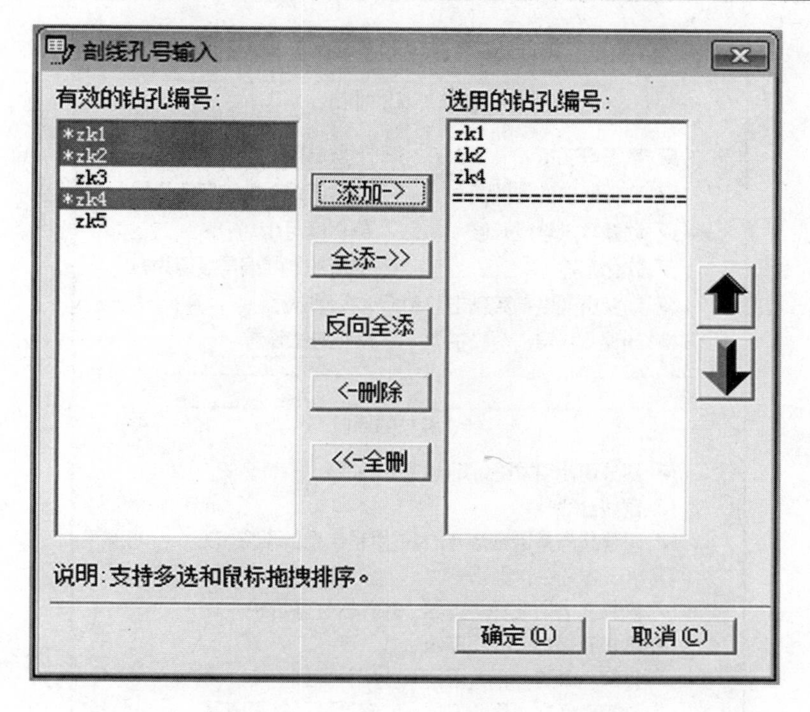

图 3.29

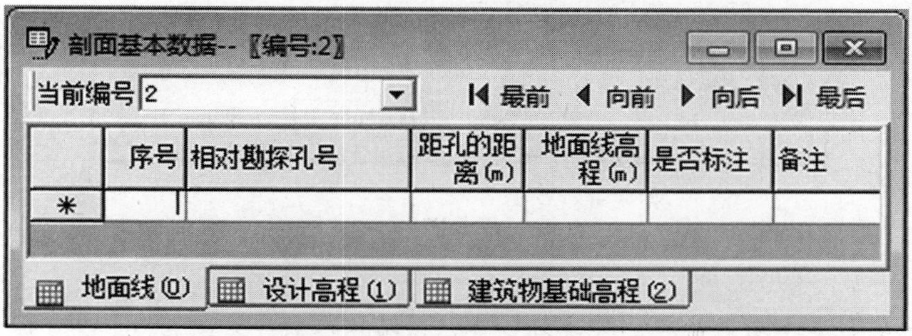

剖面基本数据--〖编号:2〗

当前编号 2　　最前　向前　向后　最后

	序号	相对勘探孔号	距孔的距离(m)	地面线高程(m)	是否标注	备注
*						

地面线(0)　设计高程(1)　建筑物基础高程(2)

图 3.30

第九步:数检

对当前工程录入的数据进行合法性检查;在数据检查的过程中完成一些计算性功能。数检不合法的数据分为两类:警告和错误。对于警告性的不合法内容,可以不修改;对于错误性的不合法内容,建议修改,否则在后续的图表生成中可能会出现不合理或错误的情况。不合法的数检数据在信息窗口中显示。

在“辅助”下选择“检查数据合法性”,弹出对话框如图 3.31 所示,选择参与计算的项目和参与数检的项目后点击“确定”按钮即可。

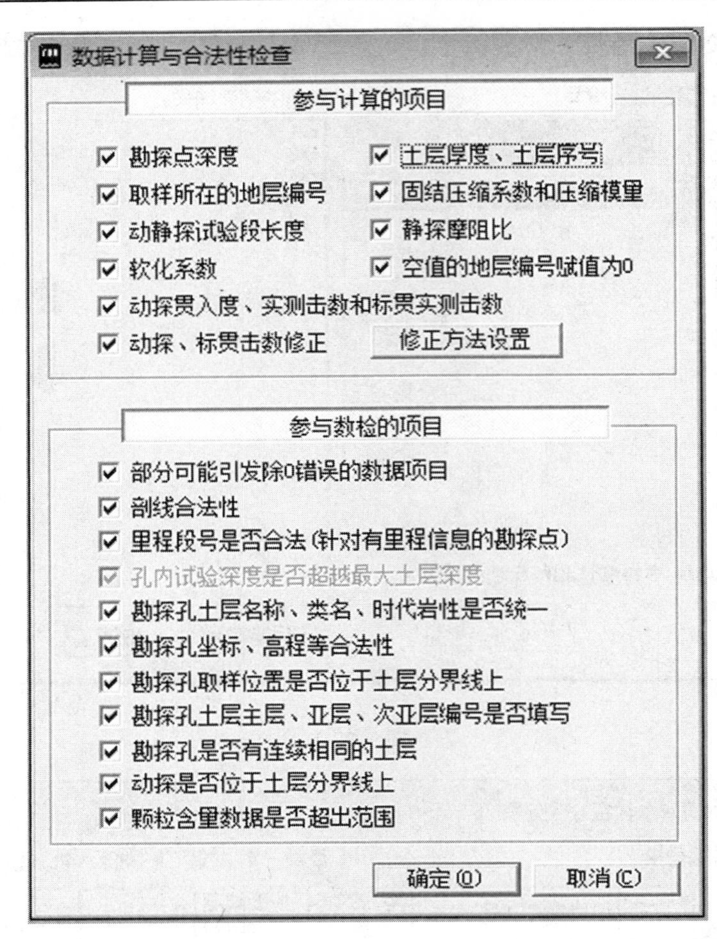

图 3.31

注意：

(1)如果把某个项目前的"√"去掉则表示该项不参与计算或数检。为了提高数检的速度,如果没有修改该项目所描述的表数据,数检时可以不参与(将"√"去掉);如果修改了相关的内容,应该参与数检或计算。

(2)"动探、标贯击数修正"有两种方法,一是岩土工程地质手册法(旧规范),二是岩土工程勘察规范法(新规范),用户可根据需要选择,软件默认为岩土工程勘察规范法(新规范)。

(3)"固结压缩系数和压缩模量"是指用户在"室内试验"数据表中录入固结试验不同压力下孔隙比后,程序会自动计算压缩系数和压缩模量,计算中初始孔隙比取为天然孔隙比。如果用户自己输入压缩系数和压缩模量,或通过固结试验曲线计算压缩系数和压缩模量,则请在数检中将此项目去掉。

(4)在数检中对于那些参与计算的项目,程序可以自动计算,用户也可人工干预计算后的值。如果要保留干预后的值,在以后的数检中必须将所干预项的计算功能去掉,否则计算出的值将覆盖干预的值。

(5)如数检时提示岩土名称不一致,可按下列步骤快速修改:

①打开需要修改的勘探点基本数据表后,在土层表中选中需要修改的土层,在岩土名称列修改土层名称;

②在“辅助”下选择“岩土类名(名称)修改”,或在工具栏中选择“土层”,弹出“修改岩土类名/名称”对话框如图 3.32 所示;在对话框中确认新的岩土类名及岩土名称后点“确定”按钮,则所有同编号的岩土名称都被修改一致。

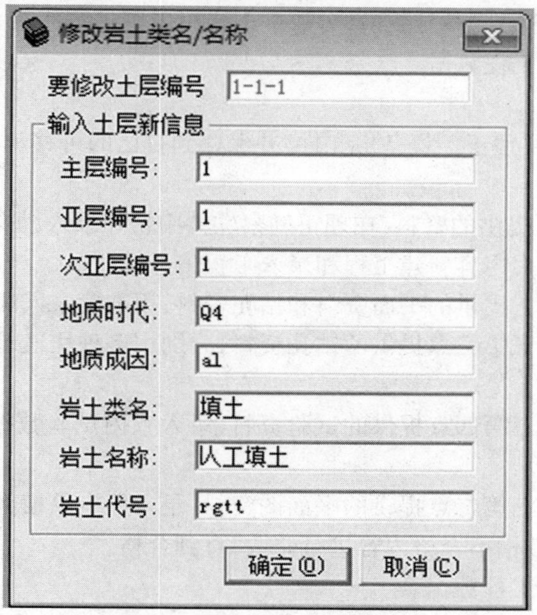

图 3.32

第十步:备份工程数据与恢复工程数据

在“工程管理”下选择“备份当前工程数据”,备份数据成功后将弹出备份文件名及保存路径提示框,记下提示框内容,以便于复制备份的工程数据到移动存储设备或硬盘其他位置。生成的备份数据库位置为:安装 GICAD 目录下的 Output\工程编号\备份库下;备份数据库的文件名为:GICADBak_工程名称 - 备份时间.mdb。

例如,如果当前工程编号为:2013 - 6(GK),安装 GICAD8 的路径为:“c:\lizheng\gicad8.0”,备份数据的时间是 2013 年 7 月 2 日,则生成的备份数据库位置为:c:\lizheng\gicad8.0\Output\ 2013 - 6(GK)\备份库目录下的 GICADBak_ * - 2013 - 7 - 2.mdb。

在“工程管理”下选择“恢复工程数据”,弹出对话框,找出已备份的工程数据库文件,打开即可。恢复工程数据库时,只恢复备份数据库中的工程数据,而不恢复工程配置数据,如果要恢复工程配置数据,执行菜单“辅助”→“工具”→“恢复配置数据”。恢复数据成功后,执行“数检”来检查所恢复数据是否合法。

2.2　实训任务

利用附录三所提供的资料,在理正勘察软件中录入勘探数据。

第一步：根据委托书内容新建工程（水校实训楼）和录入工程信息。

第二步：利用附录三第二点提供的平面资料，采用计算法或作图法确定各钻孔位置的坐标数值，结合第三点提供的钻孔资料，用直接录入法录入勘探点数据。

第三步：根据附录三第三点提供的钻孔资料，用直接录入法录入勘探点基本数据。

第四步：根据附录三第四点提供的试验资料，录入室内试验数据（无原位测试和静载荷试验）。

第五步：根据附录三第二点提供的平面图资料，录入所有纵横剖面表数据（按轴线）。

第六步：数检，全部数据参与数检，对数检不合格内容进行修改，直到合格。

第七步：备份当前工程数据。

2.3 实训成果

生成"水校实训楼"理正工程备份文件，并保存到自己的可移动存储设备中。

2.4 拓展训练

（1）利用附录三所提供的资料，在理正勘察软件中快速录入勘探数据。

第一步：根据委托书内容新建工程和录入工程信息。

第二步：利用附录三提供的平面资料和钻孔资料，用准确录入法录入勘探点数据。

第三步：根据附录三第三点提供的钻孔资料，分别用多种快速录入法录入勘探点基本数据。

第四步：根据附录三第四点提供的试验资料，录入室内试验数据（无原位测试和静载荷试验）。

第五步：根据附录三第二点提供的平面图资料，录入所有纵横剖面表数据。

第六步：数检，对数检不合格内容进行修改，直到合格。

第七步：备份当前工程数据。

（2）利用已生成的"水校实训楼"理正工程备份文件，生成土层物理力学指标统计表。

（3）利用已生成的"水校实训楼"理正工程备份文件，计算土层的地基承载力。

3 任务二：生成钻孔平面布置图

3.1 生成方法

钻孔平面布置图反映整个工程各钻孔在平面图中的位置及主要参数，以便设计人员根据工程地质勘察报告进行设计。平面图的生成在 AutoCAD 中进行，可以直接从数据库中读取钻孔数据和剖线数据后生成，也可以在设计的底层平面图形中布置钻孔和剖线，然后将数据入库，直接存入当前工程的相应数据表中，所以对应有两个流程，下面分别介绍。

流程一（无平面底图的操作）如图 3.33 所示。

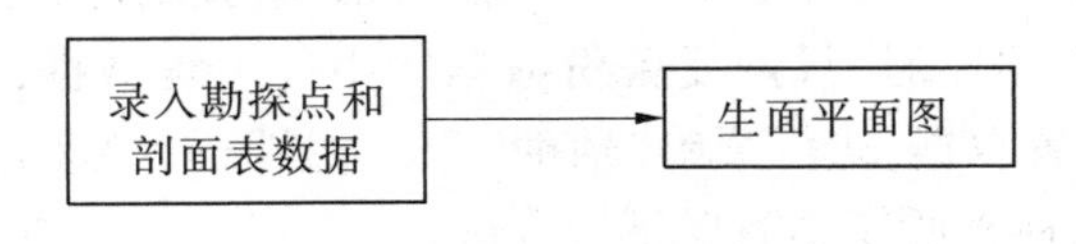

图 3.33

流程二（有平面底图的操作）如图 3.34 所示。

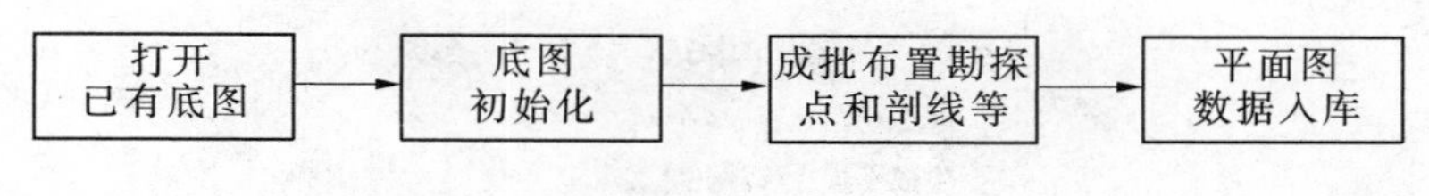

图 3.34

流程说明：

流程一：生成平面图前首先准备好勘探点表和剖面表的数据，之后到 AutoCAD 界面下选择“生成平面图”命令即可生成平面图。

流程二：首先打开已经存在的底图，进行底图初始化，之后在底图上布置勘探点和剖线等，完成平面图的布置后执行“平面图数据入库”命令，钻孔和剖线的数据直接存入到数据表中。

流程一：无底图的操作步骤

将当前工程的勘探点数据、剖线数据和其他平面图特殊符号及要素在 AutoCAD 中生成平面图。切换到 AutoCAD 下，在“工程地质勘察 CAD”浮动工具条中点击“平面”，在下拉菜单中列出了与平面图相关的所有命令，参见图 3.35。有两种平面图形式，一种为无网格的平面图，另一种为有网格的平面图，选择其中之一即可。

（1）生成无网格平面图

在“平面”下拉菜单下选择“生成平面图（无网格）”命令，弹出对话框如图 3.36 所示，交互相关参数后点击“确定”按钮即可。

标题名称：生成平面图的标题，可以修改为符合当地习惯的标题名称。

比例尺：生成平面图的比例尺，选定图框后，程序自动计算出合适的比例尺，用户可以修改。

注意：在修改生成平面图的比例尺时，必须先选择图框再修改比例尺，否则将按照自动计算的比例尺生成。

指北针夹角：指北针与 Y 轴的夹角。

剖线样式：剖线标注的样式，程序提供两种选择。

比例因子：图块在图中的放大系数，比例因子的值越大图块显示越大。

图框角度：生成平面图中图块的图框角度。

实体具有遮盖效果：生成平面图中的所有实体是否具有遮盖效果。

剖线文字随剖线旋转：剖线编号文字始终保持与剖线垂直。

图框类型：设置平面图所用图框的相关参数，点击“图框类型”右侧的三角，弹出图框参数对话框，如图 3.37 所示。

图框参数对话框提供 7 种标准图框，若选择非标准图框，允许增加图框的长度，对加长提供 L/8、L/4、L/2、L 的长度，其中“L”表示选择图框的长度。如果所提供的七种图框不能满足需求，可以选择自定义方式，交互图框的长 L、宽 b 的值，将按给出的 L、b 值生成图框。标题栏可以设置图框采用的标题栏，用户可以更换为自己制作的标题栏。

注意：选择图幅如果不选加长，可以调整图框的长度 L 和宽度 b。如果打印时不能将图框全部打印，可微调 L 和 b 的值将其全部打印。如果选择图框后又选择了 L 方向的加长，将不允许修改 L 和 b 的值。若只需一条图框的边框线，将 a、c 的值给为 0 即可实现。

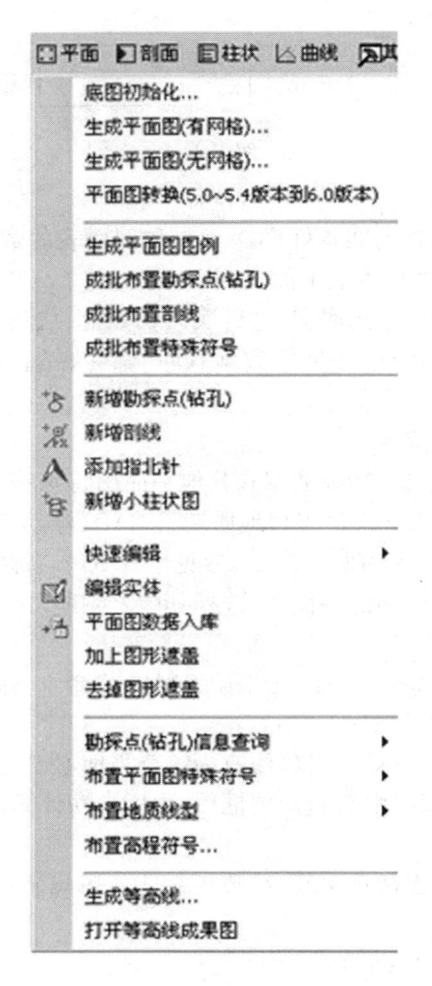

图 3.35

当 a=0 和 c=0 时不生成会签栏。

钻孔文字的颜色:设置钻孔标注文字的颜色。

钻孔图例颜色:有两个选项,即与钻孔文字颜色一致和保持原始颜色不变。

图层设置:可以自定义设置生成的平面图的图层名称,见图 3.38。

钻孔标注形式:选择出图时钻孔的标注样式,可以选择两种不同的钻孔标注形式,如图 3.39 所示。在界面上单击小数点设置,弹出对话框如图 3.40 所示,可以设置孔口高程、水位高程、勘探深度、探井深度和土层厚度的小数点取值,取值方式包括四舍五入和直接舍弃法。

字体设置:见图 3.41,用户可以手动选择平面图上各个项目的字高、宽高比、倾斜度以及所选用的字体是否采用形文件。

(2)生成有网格平面图

指生成的平面图中带有网格,在“平面”下拉菜单下选择“生成平面图(有网格)命令,弹出平面图对话框如图 3.42 所示,对话框中有“平面图参数一”和“平面图参数二”两项,

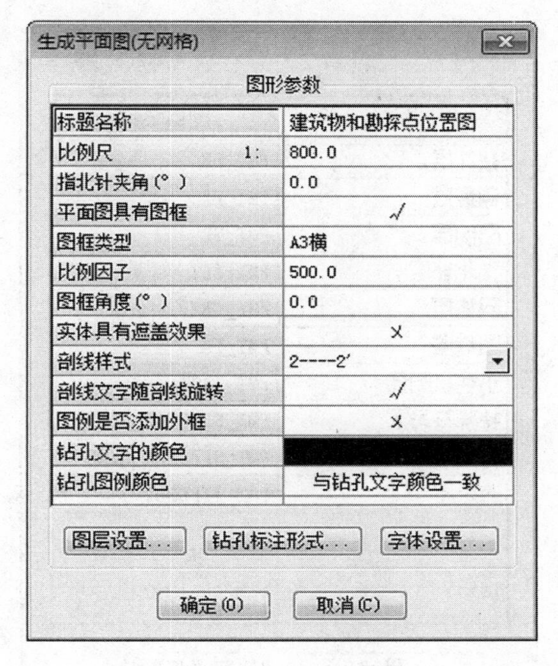

图 3.36

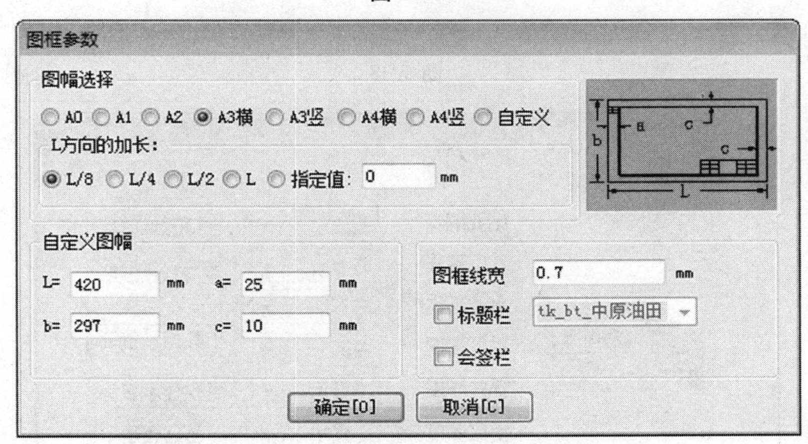

图 3.37

“平面图参数一”的设置与图 3.36 相同，在图 3.42 中点击“平面图参数二”，设置内容主要为坐标网格参数和内框参数。

网格间距：相邻十字网格间的距离(m)；

网格夹角：十字网格与水平轴正方向的夹角(°)，逆时针为正；

十字长度：十字网格线的长度(mm)；

边线长度：网格边线刻度标注线的长度(mm)；

基点横轴(纵轴)：内框左下角点的水平坐标(竖向坐标)(m)；

内框实长(实高)：内框实际长度(高度)(m)；

绘图长度(高度)：根据设置比例换算后的绘图长度(高度)(mm)；

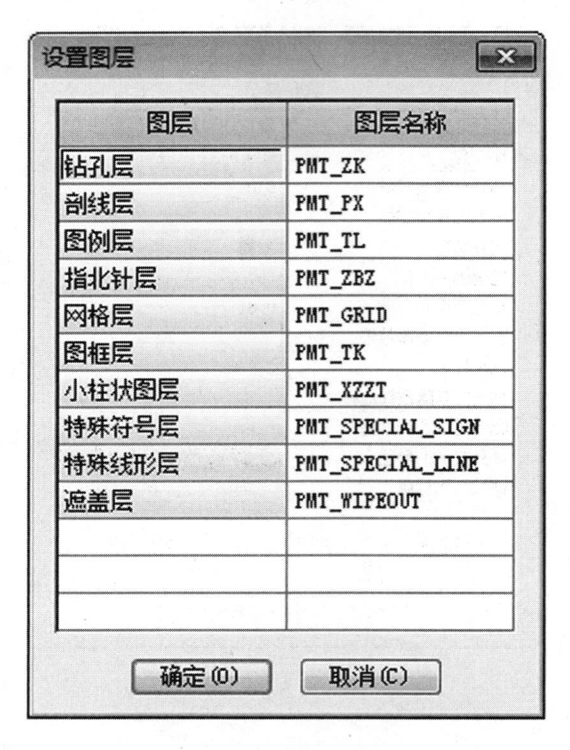

图 3.38

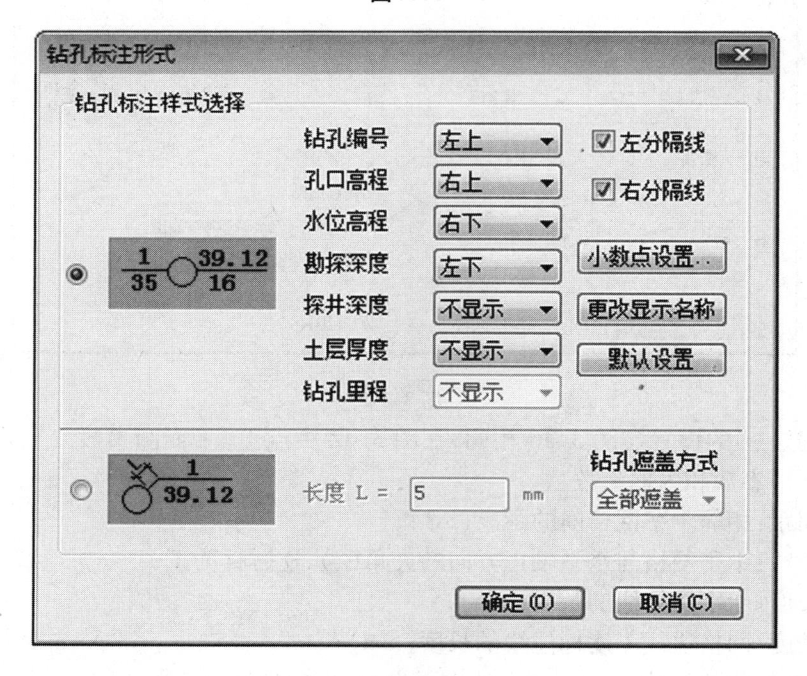

图 3.39

内外框水平(纵向)间距:网格边框左下角点与图框内框左下角点的水平(纵向)间距(mm);

小数点设置

序号	项目名称	小数点	取值方式
1	孔口高程	2	四舍五入
2	水位高程	2	四舍五入
3	勘探深度	2	四舍五入
4	探井深度	2	四舍五入
5	土层厚度	2	四舍五入

确定(O)　取消(C)

图 3.40

字体设置

	钻孔字体	剖线字体	图例字体	标题字体	标注字体
字高(mm)	2.0	5.0	3.0	8.0	---
宽高比	0.7	0.7	0.7	0.7	---
倾斜度(度)	0.0	0.0	0.0	0.0	---
是否为形文件	×	×	×	×	---
形文件	---	---	---	---	---
大字体文件	---	---	---	---	---
字体名称	仿宋_GB231	仿宋_GB231	仿宋_GB231	仿宋_GB231	---
颜色	---	---	---	---	---

确定(O)　取消(C)

图 3.41

显示图例(网格):图例(网格)显示开关。

注意:如果希望生成平面图不显示网格和内框,在 AutoCAD 中将 PMT_TK(内框图层)和 PMT_GRID(网格图层)两个图层显示开关关掉即可,如图 3.43 所示。

(3)补充勘探点或剖线

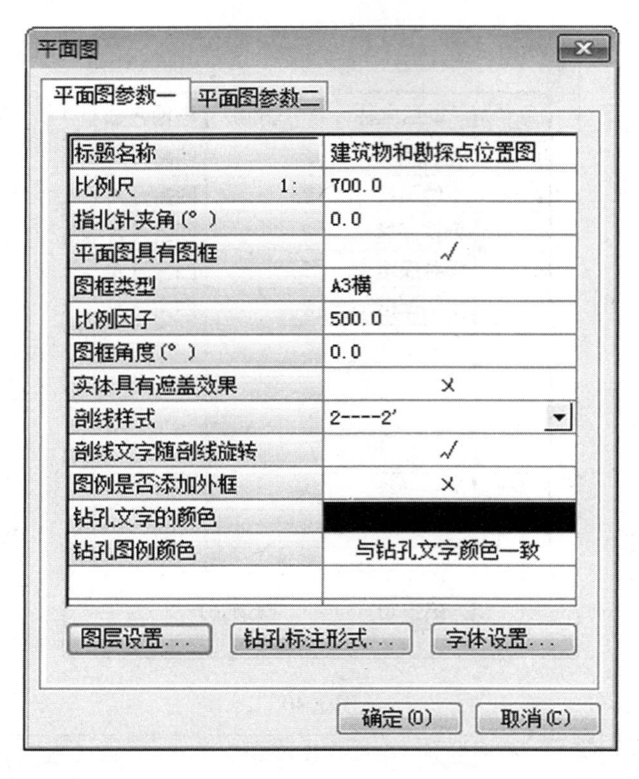

图 3.42

如果已录入的数据库中勘探点或剖线资料不全，生成平面图后又需要补充时，可在生成的平面图上单独补充，增加勘探点和剖线后执行平面图数据入库，即可把新增内容的数据写入勘探数据库中。

图 3.43

①新增勘探点(钻孔)

在平面图中单个布置新的勘探点。

A. 在“平面”菜单下选择“新增勘探点(钻孔)”，弹出对话框如图 3.44 所示。

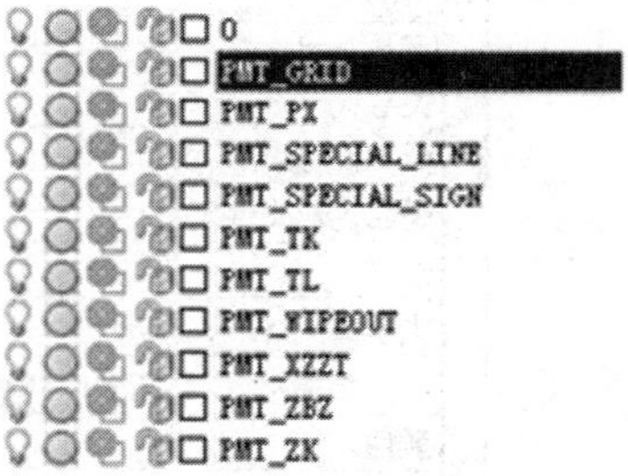

B. 在图 3.44 对话框中给出勘探点的位置。系统提供三种选取勘探点位置的方法：输入屏幕坐标、输入经纬坐标、输入里程信息。如果按经纬坐标布置勘探点，直接输入 E、N 坐标值即可；如果按屏幕坐标布置勘探点，点“选取”按钮，用鼠标在屏幕上点取勘探点的坐标，或者在命令行输入勘探点的坐标。如果按里程信息布置勘探点，选择线路中心线，录入线路的起始里程、比例尺、钻孔里程和偏移量即可布置钻孔。

坐标给定后，弹出对话框如图 3.45 所示。

C. 在图 3.45 对话框中给出勘探点信息，包括钻孔类型、钻孔编号、勘探深度、孔口高程、水位高程、钻孔里程、偏移量、比例因子和旋转角度。交互参数值后，确定即可。注意钻孔编号为必填项。

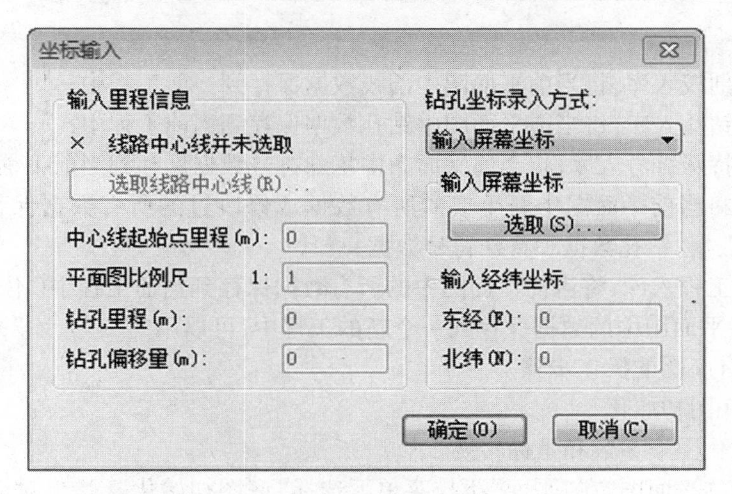

图 3.44

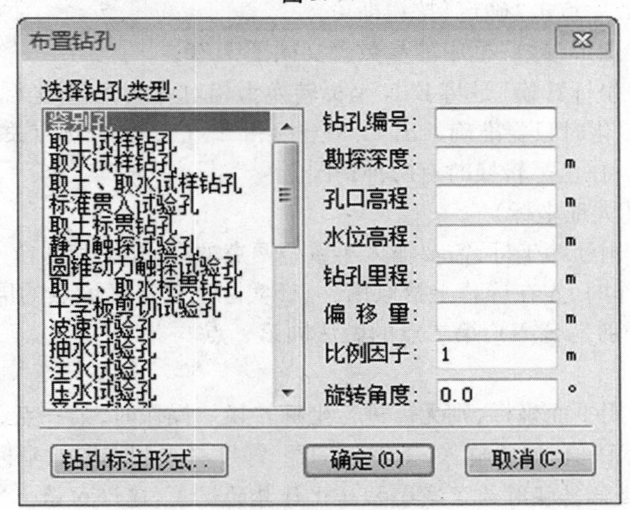

图 3.45

②新增剖线

在平面图上点取已布置好的勘探点,连接为剖线。

A. 在“平面”下选择“新增剖线”;

B. 在 AutoCAD 的命令行将提示“选择钻孔”,在图上选择当前剖线的钻孔(钻孔数不少于 2);

C. 在 AutoCAD 的命令行将提示“输入剖线编号”,输入剖线编号后剖线自动布置。

③平面图数据入库

将平面图上所布置的勘探点(钻孔)、剖线、小柱状图、平面图特殊符号的数据写入当前打开工程的数据库中。

A. 在“平面”下选择“平面图数据入库”。

B. 在 AutoCAD 的命令行将提示“剖线入库(P)/钻孔入库(Z)/特殊符号入库(F)/全部入库(A)/ <工程入库>(G) <A>”,在命令行提示后输入需要入库的数据选项即可。

在提示行中：

“P”表示剖线入库，将当前平面图中剖线数据保存到当前工程中；

“Z”表示钻孔入库，将当前平面图中钻孔数据保存到当前工程中；

“F”表示特殊符号入库，将当前平面图中特殊符号数据保存到当前工程中；

“A”表示将当前平面图中新生成的所有数据或修改过的所有数据保存到当前工程中，包括剖线数据、钻孔数据和特殊符号数据；

“G”表示工程入库，将当前平面图中的所有数据保存到当前工程中(不管数据是否修改)，如果要将平面图中的数据保存到一个新的工程中，可以用“工程入库”来实现。

流程二：有底图的操作步骤

第一步：底图初始化

设定初始化图形参数和坐标转换。

打开已有的平面图，在“平面”下拉菜单下选择“底图初始化”，弹出对话框如图3.46所示，交互相关参数后点击“确定”按钮即可。

图3.46上面“图形参数”框中的参数含义同图3.36。

图3.46下面“坐标转换”是将E、N坐标转换为相对应的X、Y坐标。如果底图按N、E坐标生成，在初始化时只要准确给出E、N坐标和X、Y坐标的对应关系，系统在平面图操作中将自动转换，在坐标转换时有两种情况：

(1)经纬坐标(大地坐标)

如果坐标系采用经纬坐标，需要输入不重叠两点的经、纬度和X、Y坐标(确定两种坐标转换关系)。操作时，先在屏幕上拾取第一点(实际上是定义该点的屏幕坐标值)，输入该点的经、纬度(分别是E、N)；第二点的做法同第一点。

(2)平面坐标

如果坐标系采用平面坐标，则无需进行坐标转换。操作时，第一点、第二点的经、纬度和X、Y坐标可取默认值，如要输入，则输入的经、纬度必须和选取的坐标值相等。

注意：在进行坐标转换时为了减小初始化计算的误差，建议初始化选择的两点的距离相对远一点，两点的距离越大，计算越准确。

第二步：成批布置勘探点

根据数据库中当前工程录入的勘探点数据自动按其坐标布置到平面图上。

(1)在“平面”菜单下选择“成批布置勘探点(钻孔)”。

(2)在AutoCAD的命令行中出现“输入钻孔编号(回车选择)”，如果一次只需要生成一个勘探点可以直接输入勘探点的名称，如果一次需要生成多个或全部的勘探点，则直接按回车键。

(3)在AutoCAD的命令行出现“输入比例因子(1.00)”，即钻孔图块的放大倍数，默认值为1。输入比例因子后弹出对话框如图3.47所示，选中需要的勘探点即可。

注意：

(1)当布置的钻孔在平面图中存在时，AutoCAD的命令行会提示“钻孔已存在，不用再布”；

(2)点图3.47中“钻孔标注形式”可以设置钻孔的标注形式，弹出对话框见图3.39。

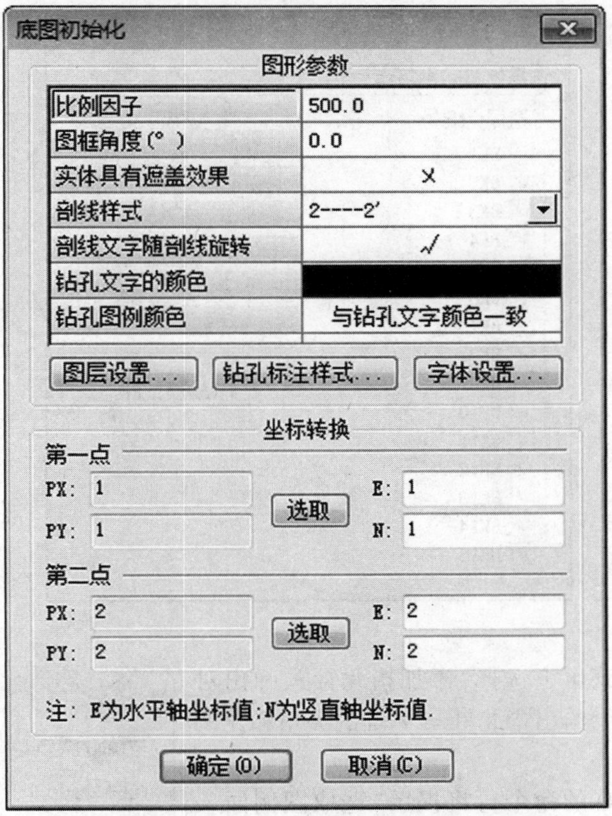

底图初始化

图形参数

比例因子	500.0
图框角度(°)	0.0
实体具有遮盖效果	×
剖线样式	2----2′
剖线文字随剖线旋转	√
钻孔文字的颜色	
钻孔图例颜色	与钻孔文字颜色一致

图层设置... 钻孔标注样式... 字体设置...

坐标转换

第一点

PX: 1 PY: 1 选取 E: 1 N: 1

第二点

PX: 2 PY: 2 选取 E: 2 N: 2

注：E为水平轴坐标值;N为竖直轴坐标值

确定(O) 取消(C)

图 3.46

第三步:成批布置剖线

根据数据库中当前工程已录入的剖线数据自动布置到平面图。

在“平面”菜单下选择“成批布置剖线”后自动布置。

注意:成批布置剖线时,需要确定与剖线有关的钻孔都已经在平面图中存在,如果与某条剖线有关的一个或多个钻孔没有在当前平面图中存在,将不能自动生成该剖线。

第四步:新增勘探点或剖线

如果数据库中当前工程已录入的勘探点和剖线不全,需要增加时,可单独增加,操作方法同上。

第五步:生成平面图图例

生成当前工程所用到的平面图图例。包括勘探点示意图、设计钻孔、观测点、剖线及编号、拟建建筑物及地上层数和已有建筑物图例。

(1)在“平面”菜单下选择“生成平面图图例”;

(2)在 AutoCAD 的命令行将提示“指定插入点”,在屏幕上点取图例要生成的位置即可。

第六步:添加指北针

在平面图中布置指北针。一个平面图中,只允许存在一个指北针。

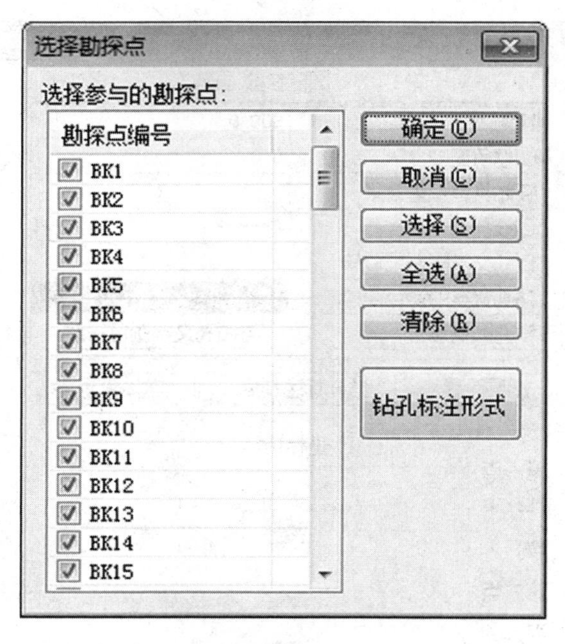

图 3.47

(1)在"平面"菜单下选择"添加指北针",弹出对话框如图 3.48 所示,给出指北针与 Y 轴的夹角和比例因子后点"确定";

(2)在 AutoCAD 的命令行将提示"选取图例插入点",在屏幕上点取图例要生成的位置即可。

第七步:平面图数据入库

如果新增了勘探点或剖线,还需进行平面图数据入库,操作方法同上。

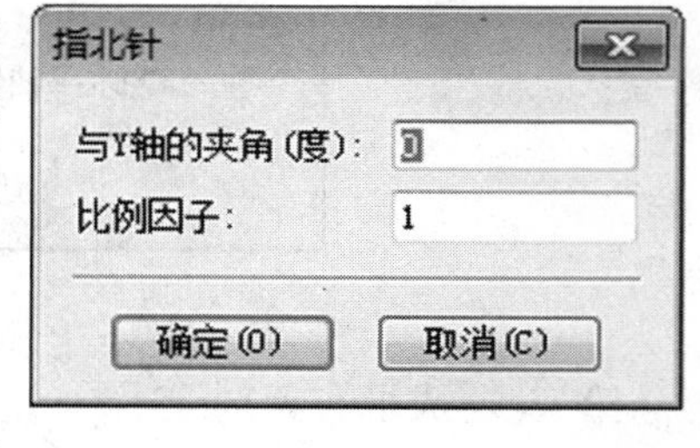

图 3.48

3.2 实训任务

利用本项目任务一得到的实训成果"水校实训楼"理正工程备份文件,按流程一方法,生成无网格的平面图。

第一步:打开"水校实训楼"理正工程备份文件。

第二步:打开理正工程文件中的 CAD 软件。

第三步:点击平面下拉菜单中的"生成平面图(无网格)"。

第四步:在弹出的对话框中进行参数的设置。(标题名称:水校实训楼钻孔平面布置图,比例尺 1:100,生成平面图中的图例及指北针,其他可个性化设置)

第五步:在设置好参数的对话框中点击"确定",生成无网格的平面图。

3.3 实训成果

将生成的无网格平面图保存在自己的可移动存储设备中,文件名为"水校实训楼平面图",并打印出纸质图。

3.4 拓展训练

(1)利用"水校实训楼"理正工程备份文件,生成有网格平面图。(图框选用 A3,其他

参数个性化设置,并观察不同参数的设置效果)

(2)按本任务中流程二的操作步骤,生成钻孔平面布置图。

第一步:先利用附录三中第二点平面资料,绘制轴线平面图。

第二步:对绘制的平面图进行底图初始化。

第三步:成批布置勘探点。

第四步:成批布置剖线。

第五步:平面图数据入库。

4　任务三:生成剖面图

4.1　生成方法

流程图如图 3.49 所示。

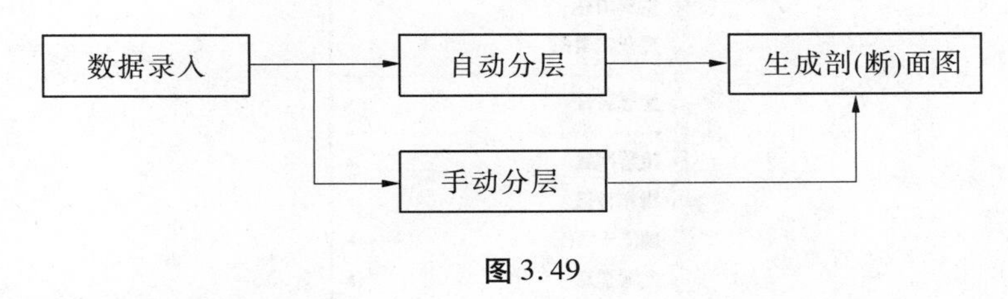

图 3.49

流程说明:

生成剖面图前首先要准备好数据,几乎用到项目窗口下所有数据表的数据以及生成的平面图的数据(本项目任务一已录入的数据或任务二平面图重新入库的数据)。数据准备好之后生成剖面图的流程比较灵活,有多种选择:可以对剖线自动分层后生成剖面图;可以对剖线手动分层入库后生成剖面图;也可以对剖线自动分层后再手动分层进行人工干预和修改入库后生成剖面图。

在“工程地质勘察 CAD”浮动工具条中点击“剖面”,下拉框中列出与剖面图相关的所有命令,如图 3.50 所示。

第一步:分层

系统提供两种分层方法。

第一种方法:自动分层

根据土层数据表中的数据,对剖线进行自动分层。

在“剖面”下选择“自动分层”,弹出对话框如图 3.51 所示,选择剖线名称,设置好参数后点击“确定”即可。

出图方式:有剖面、横断面、纵断面三种选择,只有在公路、铁路勘察标准下才能出横断面图、纵断面图,其他标准下只能出剖面图。出图时,按剖面、横断面、纵断面分别计算钻孔间距。钻孔间距取剖面表中“剖线孔间距”的值。若“剖线孔间距”为空,孔间距将根据钻孔坐标自动计算。“剖面”的孔间距为钻孔坐标点的直线距离;“横断面”的孔间距为勘探点偏移量之差;“纵断面”的孔间距为里程差。

剖线名称:列表框内,带“ * ”的剖线表示其已具备分层信息。

分层方法:有按土层分层和按层号分层两种。

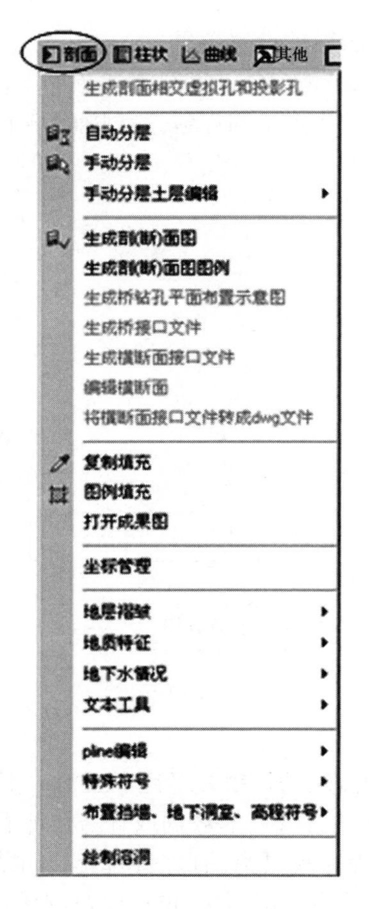

图 3.50

按土层分层:指根据土层表中的地质时代、地质成因、岩土类别、岩土名称进行分层、确定分层级别;地质时代的级别最高,岩土名称的级别最低。如果在录入数据时没有录入地质时代和地质成因数据,程序将按照系统的默认值进行分层。此时分层不受层号的限制。岩土名称可以不参与分层(将"√"去掉),以实现粗略划分。

按层号分层:根据土层表中主、亚层的层号进行分层。

连通允许最大坡度:当坡度大于允许最大坡度,土层小于地层最小厚度时,程序不进行连通。

地层最小厚度:当土层小于地层最小厚度,坡度大于允许最大坡度时,程序不进行连通。

尖灭水平选择:尖灭线水平方向可以延伸到两孔间距 1/3 处、1/2 处、3/4 处或 1 处。

尖灭垂直选择:尖灭线垂直方向可以到本层深度的 1/3 处、1/2 处或 3/4 处。

尖灭水平、垂直选择设置如图 3.51 所示,若土层 5 - 1 尖灭,尖灭的两项设置在剖面上的体现如图 3.52 所示。

注意:

(1)如果分层过程中,系统提示"孔间距为 0",请检查有关的数据和"出图方式"是否有误;

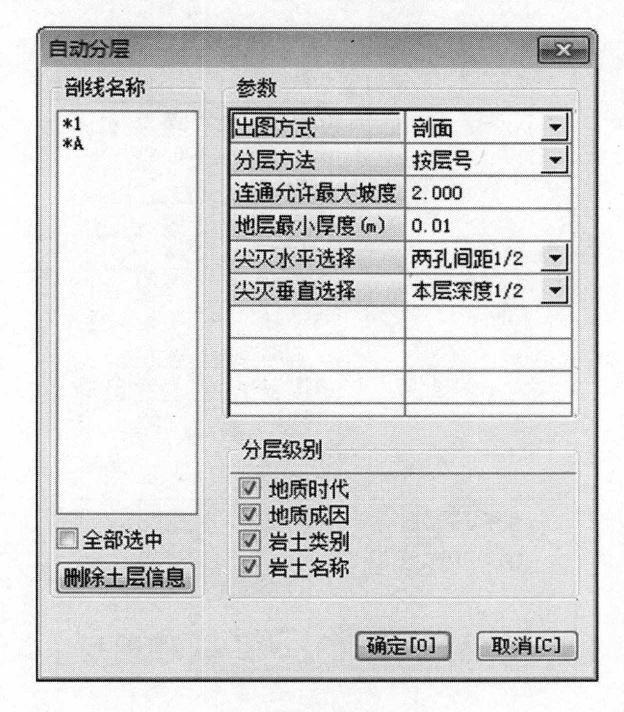

图 3.51

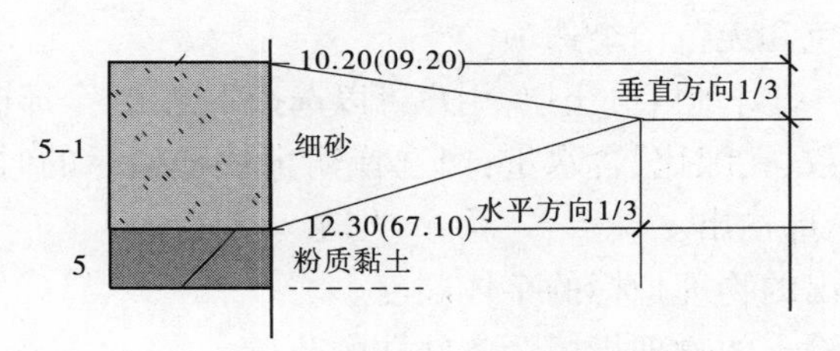

图 3.52

(2)每次进行“自动分层”,均以新的分层信息覆盖原先内容;

(3)按层号分层时,在数据录入的“数据合法性检查”中,请务必将“勘探孔内土层名称、类名、时代岩性是否统一”选项选中;

(4)按土层分层时,分层级别从上到下逐级降低,但前三项为必选项;

(5)亚层层线是否连通取决于连通允许最大坡度和地层最小厚度两个参数的输入值。

第二种方法:手动分层

对某条剖线进行手动分层或对自动分层的分层结果进行人工干预。

(1)手动分层方法

在“剖面”下选择“手动分层”,弹出对话框如图 3.53 所示,选择剖线名称、交互比例尺等相关参数后点击“确定”按钮即可。

填充比例:指填充的疏密程度,填充比例越小填充越密。

土名字高:表示在图中标注岩土名称的字符的高度。

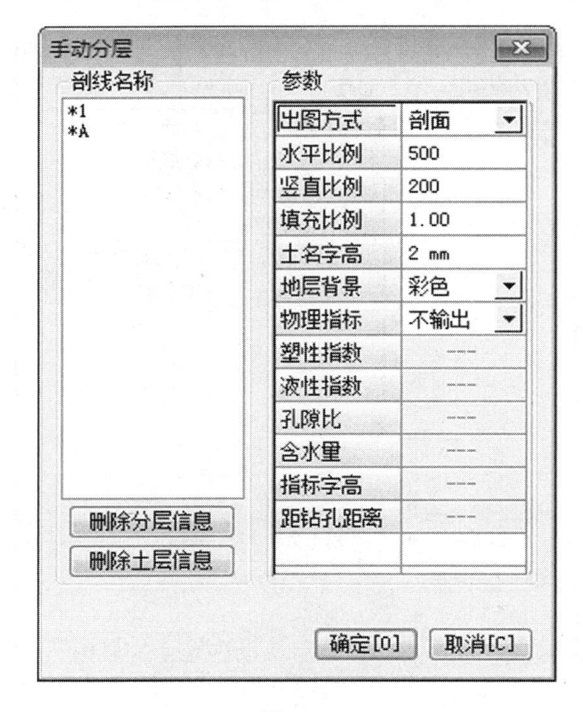

图 3.53

地层背景:包括彩色和无色两个选项。

物理指标:方便用户更好地区分土层,用户可以选择不输出、全部输出或按层统计输出。

塑性指数、液性指数、孔隙比、含水量:当选择输出物理指标的时候,可以选择输出这四个指标的任一个或全部输出。

指标字高:定义输出的物理指标的字体高度。

距钻孔距离:指定输出的物理指标距离钻孔的距离。

删除分层信息:指将现有的分层信息删除。

删除土层信息:指将现有的土层信息删除。若修改了原始土层数据,应先执行"删除土层信息"命令,将临时库中旧的土层数据删除,这样生成的剖(断)面图才能相应变化。

在生成的手动分层示意图中,以钻孔柱状填充的形式存在,如图 3.54 所示。钻孔左侧的 1、2、3、4、4 －1…是土层编号(可以用屏幕上方的剖面图图标命令的"定制层号"来修改),钻孔右侧是土层名称,需要用户在总控模块的土层表中输入。

(2)手动分层编辑

"手动分层"提供了对土层进行连层、尖灭、土层分离、土层合并等功能,在"剖面"下选择"手动分层土层编辑"下的各个编辑命令,或点击工具条中的按钮(见图 3.55)进行手动分层的土层编辑。

编辑后的分层数据可以用"土层数据入库"命令将结果返回到数据库中,再次打开该剖线,其分层信息即是编辑后的数据。

①土层连接及各尖灭命令操作要点

A. "连接"命令需选择 1 个以上的钻孔土层连接;

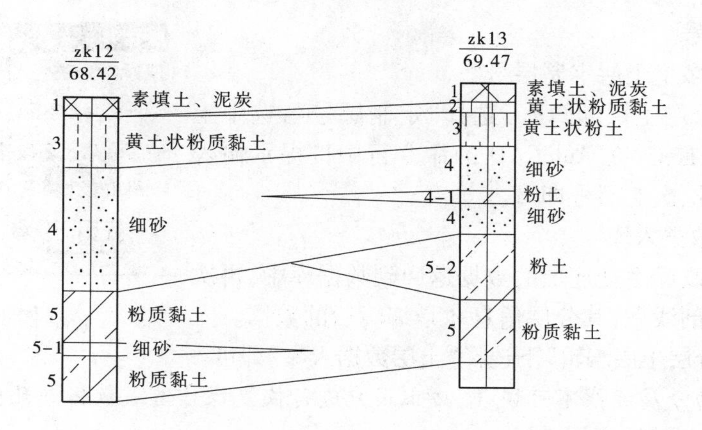

图 3.54

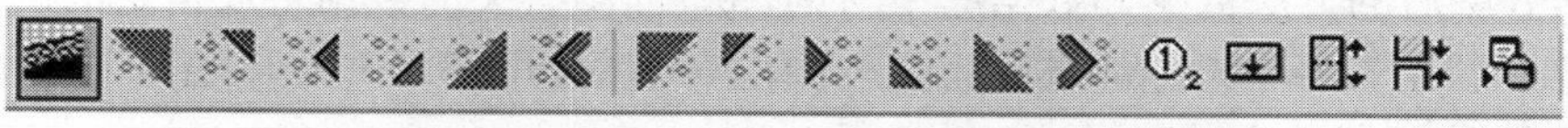

图 3.55

B. “左跨层尖灭”和“右跨层尖灭”需选择同一钻孔的两个不相邻土层形成跨层尖灭，可以实现透镜体中的透镜体；

C. “左上尖灭、左尖灭、左下尖灭、右上尖灭、右尖灭、右下尖灭”可选中一个或多个钻孔的土层；

D. 选择好要编辑的土层后，点击鼠标右键结束命令；

E. 向左尖灭的土层，剖面图上最左边的钻孔不能生成；向右尖灭的土层，剖面图上最右边的钻孔不能生成。

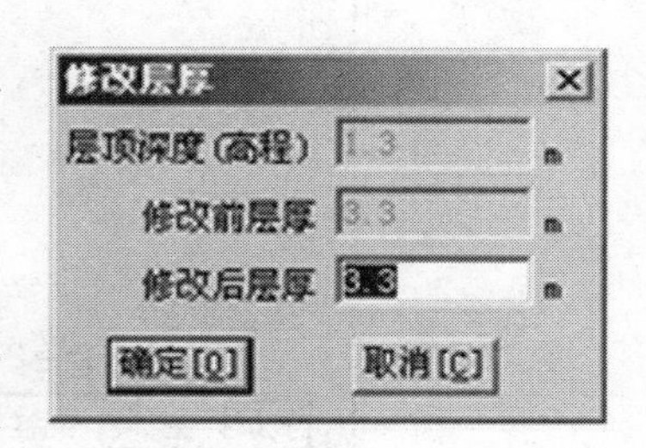

图 3.56

②土层编辑

编辑修改选中土层的厚度。

在“手动分层土层编辑”下选择“土层编辑”，选择要修改的土层后弹出对话框如图 3.56 所示，交互修改的层厚值，单击“确定”按钮即可。

③土层分离

将一个土层分离为两个不同的土层。

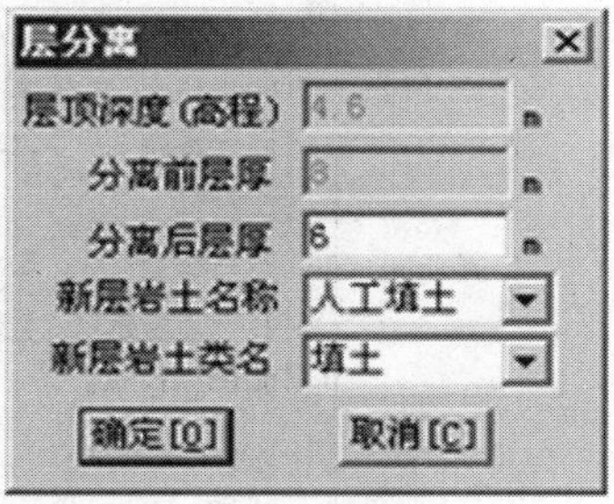

在“手动分层土层编辑”下选择“土层分离”，选择要分离的土层后弹出对话框如图 3.57 所示，“分离后层厚”指分离后原土层的厚度，交互分离后层厚、新层岩土名称和新层岩土类名后单击“确定”按钮即可。

图 3.57

④土层合并

将同一钻孔上多个相邻的土层合并为一个土层。

在“手动分层土层编辑”下选择“土层合并”，选择要合并的土层后弹出对话框如图 3.58 所示，交互合并后的新层岩土名称和岩土类名后单击“确定”按钮即可。

⑤定制层号

对选中的多个土层定制层号。

在“手动分层土层编辑”下选择“定制层号”，选中土层后点击鼠标右键，在 AutoCAD 的命令行中按提示输入主层号、亚层号、次亚层号即可。

(3)土层数据入库

将编辑修改或手动连层的数据返回到数据库中，再次打开修改后的剖线后，其分层信息才是编辑后的数据。

图 3.58

在“手动分层土层编辑”下选择“土层数据入库”即可。

注意：手动分层连线不可恢复，防止用户进行恢复操作造成数据混乱！

第二步：生成剖面图

根据分层后的分层数据和数据库中与剖（断）面图有关的数据生成指定的剖面图。

在“剖面”下选择“生成剖（断）面图”，弹出对话框如图 3.59 所示，在不同页面选择相关参数后点击“确定”按钮即可。

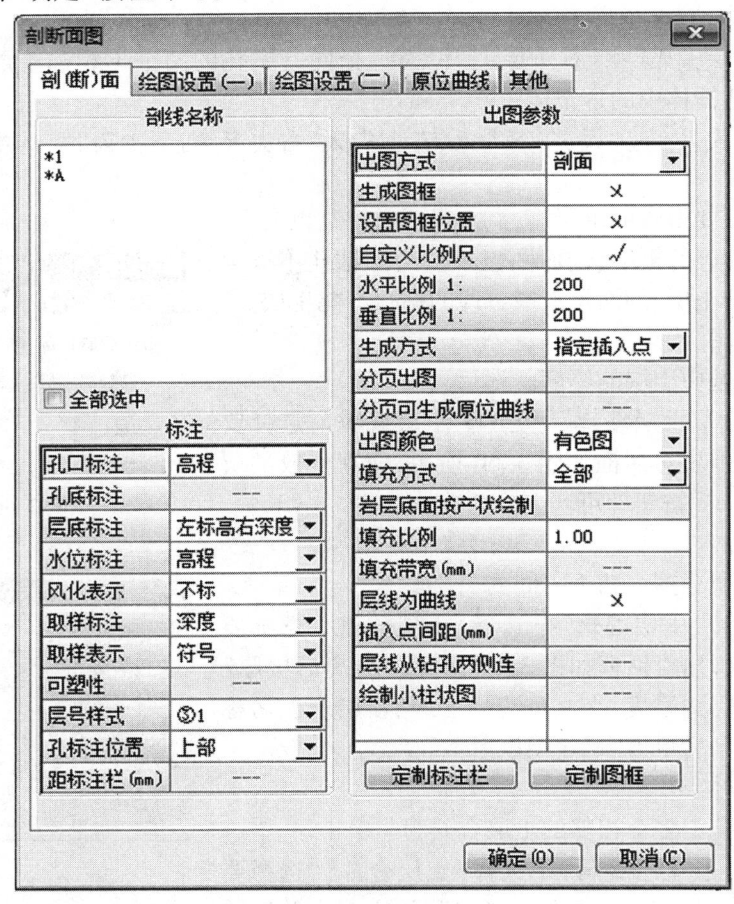

图 3.59

该对话框共有五页:剖(断)面、绘图设置(一)、绘图设置(二)、原位曲线、其他。分别介绍如下。

(1)“剖(断)面”页,参见图3.59,各项设置说明如表3.2所示。

表3.2 剖(断)面页参数设置说明表

项目	说明
剖线名称	列出了当前工程中所有的剖线。带“＊”号的剖线已具备分层信息
全部选中	快速选择所有剖线,可一次生成所有剖面或断面成果图
	标注
孔口、孔底和层底标注	设置显示孔口、孔底和层底的标注,程序根据用户的需要提示了不同的选项。其中层底标注画在钻孔两侧的位置可在“绘图设置(一)”中交互
水位标注	设置在有地下水的地方是标注水位深度、水位高程还是自定义图块或者不标,初见水位或稳定水位都可标注。水位符号用图块表示,用户可根据需要修改该图块,选择“其他”页的图块设置可以修改相应的图块;另外,当用户选择自定义图块时,可以在弹出的对话框中直接进行选择和编辑,并可以指定插入点位置。 水位符号画在钻孔两侧的位置可在“绘图设置(一)”中交互。稳定水位的日期等标注的颜色和字高可以在“文字”页中设置
风化表示	设置有风化的岩石的标注样式,可选择“羊、W、r、自定义图块和不标”。自定义图块的修改方法同水位标注
取样标注	有四个选项:编号、深度、不标或自定义图块,“编号”表示在剖(断)面图中显示取样的编号;“深度”表示在剖(断)面图中显示取样的深度;“不标”表示在剖(断)面图上将不显示取样标注;自定义图块指按照用户选择的图块进行标注,用户可以对自定义图块进行选择和修改,同水位标注
取样表示	设置在剖(断)面图中有取样的地方取样表示的方式。选“不标”时剖面图上将不显示取样,选“厚度”时取样符号为取样真实长度,选“符号”时用图块表示
可塑性	设置用三分法、四分法还是五分法表示
层号样式	设置三种表示方法。当选择“自定义”样式时,用户可根据需要选择和编辑图块
孔标注位置	为钻孔编号、标高或深度的标注位置,程序设置了“上部”、“下部”和“上下都标”三种选择
距标注栏	设置钻孔信息标注位置距下方标注栏的距离
	出图参数
出图方式	可选择生成剖面图、横断面图或纵断面图。铁路、公路标准下有以上三个选择,其他标准下只生成剖面图
生成图框	设置生成的剖面图是否生成图框
设置图框位置	设置图框的位置,选择“√”后,通过“设置”按钮弹出的对话框进行参数设置

续表 3.2

项目	说明
自定义比例尺	选择“√”时，用户自己定义剖（断）面图的水平和垂直比例尺
生成方式	包括自动生成、指定插入点和指定参考点三个选项。其中： 自动生成指系统自动给出生成剖面图的起始位置点，一个文件中只能放一个剖（断）面图； 指定插入点需要每次给定生成剖（断）面图的起始位置，一个文件中可以同时在不同的位置生成多个剖（断）面图； 指定参考点是在钻孔位置及高程相差较大时，通过给定剖（断）面图的参考点及该参考点的高程值，可以调整剖面图的位置，一个文件中可以在不同位置生成多个剖（断）面图
分页出图	公路、铁路或水利标准下可以选择分页出成果图
分页可生成原位曲线	当选择分页出图时，用户可以选择是否随图附上原位曲线
出图颜色	包括有色图、彩色图和黑白图三个选项。其中： 有色图将根据“其他”页线型设定的颜色生成剖（断）面图； 彩色图可生成各种岩土在系统默认状态下的彩色图（有色图的填充），岩土的颜色在“岩性对照表”中设置，如果生成的彩色剖（断）面图中不需要底色，可在岩性对照表中将底色设置为 0； 黑白图将生成单色的剖（断）面图
填充方式	设置生成剖（断）面图时的填充方式，包括全部填充、钻孔左侧填充、钻孔右侧填充、钻孔两侧填充、钻孔中间填充、不填。如果选择非全部填充，需要交互“填充带宽”，带宽以毫米为单位
岩层底面按产状绘制	填充方式为左侧、右侧或两侧填充时可选。选中则在绘制岩层交界面时按照实际相交的产状绘制；不选该项则岩层交界面为一平面
填充比例	设置生成剖（断）面图中填充图例的疏密程度，默认值为 1。实际生成剖（断）面图中的图例填充比例为此处的填充比例与岩性配置表中图例默认比例相乘
填充带宽	当选择左侧、右侧等部分填充时，设置填充的宽度
层线为曲线	设置层线是否用曲线的方式生成剖（断）面图
插入点间距	如果以曲线生成，需要交互决定曲线光滑程度的数据即插入点间距，以毫米计算。间距越小，曲线越平滑
层线从钻孔两侧连	可以选择空心钻孔在连接层线时，生成的层线从钻孔两边连，还是从钻孔中心连；选“√”时，表示层线从钻孔两侧连
绘制小柱状图	选“√”时，表示在绘制有该孔参与的剖面图时，该钻孔不参与土层连线，但在该钻孔位置处用“引出线”绘制该钻孔的剖面土层信息。点“设置”弹出对话框如图 3.60 所示，交互小柱状图绘图参数即可

续表 3.2

项目	说明
定制标注栏	弹出对话框如图 3.61 所示。“所有选项”中列出了标注栏中所有可以标注的项目,可通过“添加”设置部分选项参与标注;各项目的先后顺序可以通过“上移”和“下移”自定义排列
定制图框	同平面图中定制图框命令

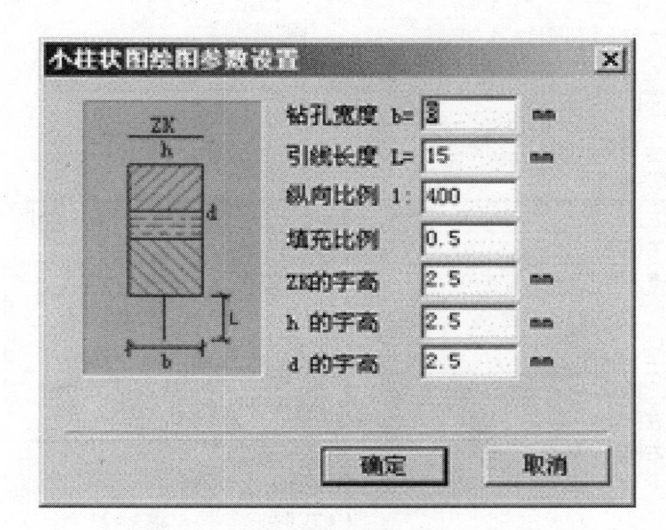

图 3.60

设置标注栏
所有选项
孔口高程
孔深
钻孔间距
工程地质特征
地下水情况
设计坡度及变坡点高程
地面高程
公里标
里程
墩台线
添加>
全添>>
<删除
<<全删
上移
下移
已选择选项
孔深
钻孔间距
孔口高程文字　垂直
孔深文字　垂直
从文件中导入工程地质特征信息
文件路径:
浏览(B)...
确定[O]　取消[C]

图 3.61

(2)“绘图设置(一)”页,参见图 3.62,各项设置说明如表 3.3 所示。

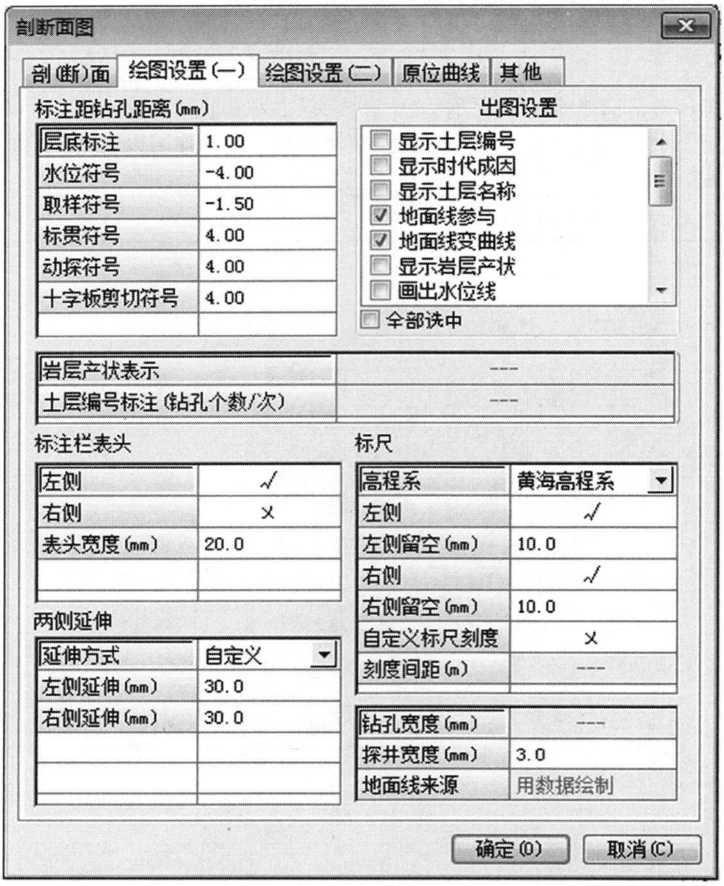

图 3.62

表 3.3　绘图设置(一)页参数设置说明表

项目	说明
标注距钻孔距离	设置标注符号到钻孔的距离,距离以毫米为单位。其中距离为正表示在钻孔的右侧标注,距离为负表示在钻孔的左侧标注,用户可自己交互距离值
出图设置	设置在剖(断)面图中显示和参与的项目。下方的“全部选中”前选择“√”时,将选中所有显示项目
岩层产状表示	有三个选项,可以设置图上标注岩层倾角时用真倾角、绘图倾角还是视倾角
土层编号标注	设置土层编号是每个钻孔都标,还是几个钻孔标一次
标注栏表头	哪侧打“√”表示标注栏表头在哪侧生成,可以设置只在左侧生成表头,也可设置只在右侧生成,还可设置左右两侧都生成或都不生成;表头宽度也可设置,单位以毫米计
两侧延伸	设置生成的剖面图最左边和最右边的地层线和地面线的延伸宽度值,可以根据需要自定义设置该宽度值。如果选择“自定义”延伸宽度后发现剖(断)面图两侧有的地方没有填充,请检查延伸的宽度是否太短

续表 3.3

项目	说明
标尺	可以设置在左侧、右侧或左右两侧生成或都不生成；标尺刻度可通过“自定义标尺刻度”选择，单位以米计
高程系	此参数的作用是设定出图时标注的高程系名称。包括 1985 国家高程基准、废黄河高程系、黄海高程系、假设高程系统、老黄海高程系、罗零高程系、青岛高程系、吴淞高程系和新黄海高程系
钻孔宽度	设置剖（断）面图中显示的钻孔宽度
探井宽度	设置剖（断）面图中显示的探井宽度
地面线来源	可以设置生成地面线采用的两种形式：用数据绘制和在图上选择

（3）“绘图设置（二）”页，参见图 3.63，各项设置说明如表 3.4 所示。

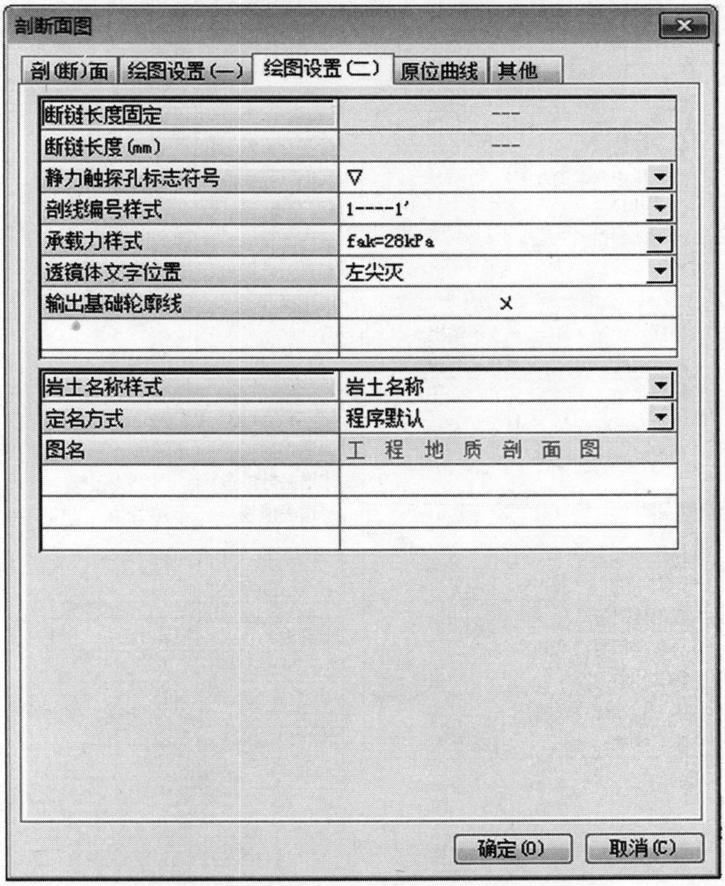

图 3.63

表 3.4　绘图设置(二)页参数设置说明表

项目	说明
断链长度固定	不选择"√"时按实际断链长度绘制,选择"√"时按交互的固定值绘制
静力触探孔标志符号	设置生成剖面图时触探孔下部的标注形式,有"▽"和"◆"两种符号选择
剖线编号样式	设置了两种表示方法
承载力样式	设置生成的剖(断)面图中承载力标注的样式,有六种选择
透镜体文字位置	设置当左右尖灭同时存在时,文字在哪侧输出
输出基础轮廓线	设置是否在剖(断)面图中显示基础轮廓线
岩土名称样式	包括标岩土名称和标风化程度 + 岩土名称两种选择
定名方式	包括程序默认和自定义两种选择
图名	当选择自定义定名方式时,用户可自己交互图名

(4)"原位曲线"页,参见图 3.64,各项设置说明如表 3.5 所示。

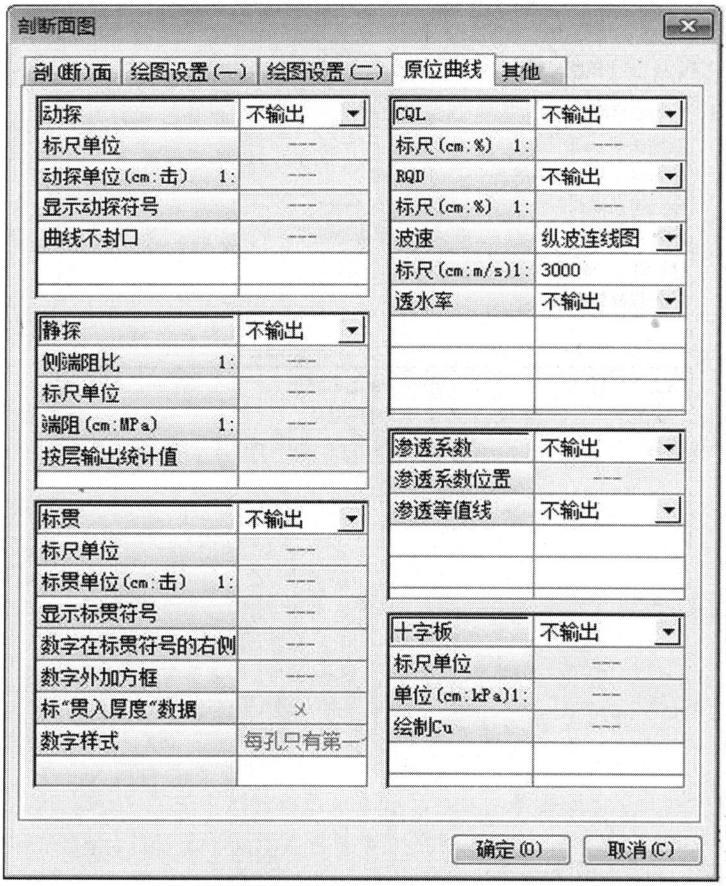

剖断面图
剖(断)面　绘图设置(一)　绘图设置(二)　原位曲线　其他

动探	不输出
标尺单位	---
动探单位(cm:击)　1:	---
显示动探符号	---
曲线不封口	---

静探	不输出
侧端阻比　1:	---
标尺单位	---
端阻(cm:MPa)　1:	---
按层输出统计值	---

标贯	不输出
标尺单位	---
标贯单位(cm:击)　1:	---
显示标贯符号	---
数字在标贯符号的右侧	---
数字外加方框	---
标"贯入厚度"数据	×
数字样式	每孔只有第一

CQL	不输出
标尺(cm:%)　1:	---
RQD	不输出
标尺(cm:%)　1:	---
波速	纵波连线图
标尺(cm:m/s)1:	3000
透水率	不输出

渗透系数	不输出
渗透系数位置	---
渗透等值线	不输出

十字板	不输出
标尺单位	---
单位(cm:kPa)1:	---
绘制Cu	---

确定(O)　取消(C)

图 3.64

可以在剖(断)面图中生成的曲线包括动探曲线、静探曲线、标贯曲线、岩芯采取率 CQL 曲线、RQD 曲线、波速曲线、渗透等值线、十字板曲线等。各项设置说明如表 3.5 所示。

表 3.5　原位曲线页参数设置说明表

项目	说明
动探	设置在剖面图中是出动探曲线还是动探数据或是不输出,共有六个选项。"动探曲线(原始击数)"和"动探曲线(修正击数)"以直方图表示,画曲线时,曲线的标尺单位可以由用户自定义,也可以自适应,还可以选择标注"动探数据(原始击数)"或"动探数据(修正击数)"或"动探数据(自定义图块)"; "显示动探符号"设置在剖面图中是否显示动探符号,该符号以图块的形式存在,可以通过"其他"页的图块设置进行选择和编辑
静探	设置是否在剖面图中画静探曲线。如果画静探曲线,曲线的侧端阻比和端阻比的标尺单位可以自定义设置。用户可以选择是否按层输出静探的统计值
标贯	同动探的设置。当选择标注标贯数据时,用户可以手动选择数字的标注样式和是否标"贯入厚度"数据等参数
CQL	有不输出、钻孔左侧输出或右侧输出三个选项,其大小可以通过标尺设置
RQD	有不输出、钻孔左侧输出或右侧输出三个选项,其大小可以通过标尺设置
波速	有横波直方图、横波连线图、纵波直方图、纵波连线图和不输出五个选项,其大小可以通过标尺来设置
透水率	可以在剖面图的钻孔左侧输出、右侧输出或者不输出
渗透系数	可以在剖面图的钻孔左侧输出、右侧输出或者不输出。包括水平渗透系数 k_h、竖向渗透系数 k_v 和渗透系数 k
渗透等值线	在剖面图中可以分别显示由透水率、渗透系数 k、水平渗透系数 k_h、竖向渗透系数 k_v 形成的渗透等值线,也可以选择不输出渗透等值线
十字板	在剖面图中输出十字板曲线,曲线的标尺单位可以由用户自定义,也可以自适应。用户可以选择是否绘制重塑土抗剪强度曲线

(5)"其他"页,参见图 3.65,各项设置说明如表 3.6 所示。

注意:

(1)剖面图上的一些图形图素是以图块的形式生成的,如层号样式、取样符号、水位符号、动探和标贯符号等,图块以 dwg 文件放到勘察安装目录\Support\Block 下,如果软件所提供的图块不符合当地的画法,用户可根据需要修改该图块。

(2)剖面图上钻孔设置为绘制小柱状图时,需在数据录入的"勘探点数据表"中"是否参与"选为 2,且"剖线数据表"中的剖线含有该钻孔。

(3)剖面图上生成的原位试验成果,其数据来源于数据录入中各个钻孔的"原位测试"下对应的数据表。

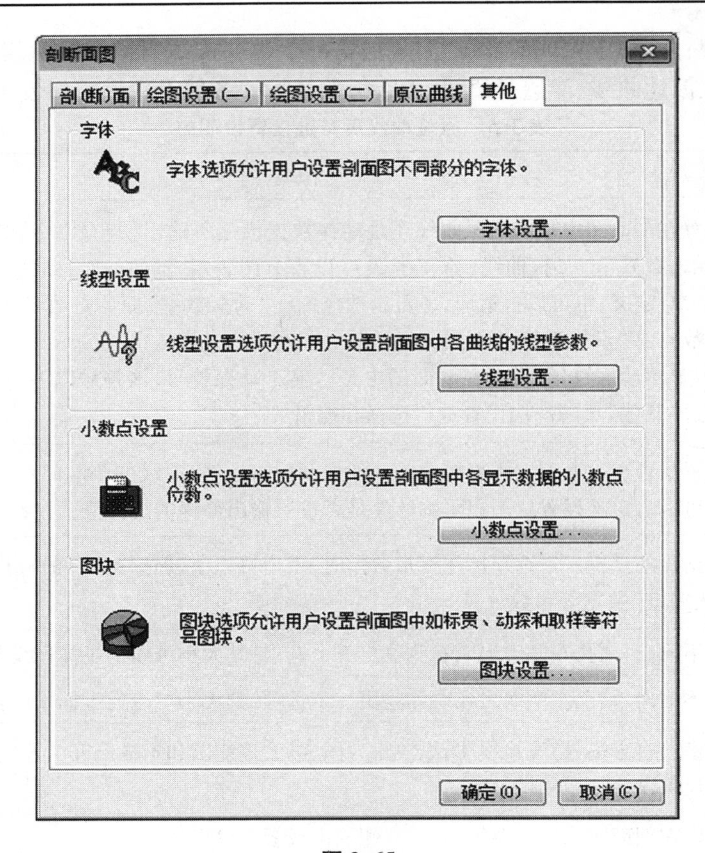

图 3.65

表 3.6　其他页参数设置说明表

项目	说明
字体设置	如图 3.66 所示,可以设置在剖面图中标题、孔口标注等项的颜色、字高和字体样式,可以选择形文件或普通的字体;在对话框左下角有个“统一设置字体”的命令,如果勾选这个按钮,当修改某一项的字体类型时,其他项全都作同样的改变,注意只对字体类型起作用
线型设置	如图 3.67 所示,设置在剖面图中亚层线、水位线等项目的线型、颜色和宽度
小数点设置	设置动探击数和标贯击数的小数点位数,以及取舍方法
图块文件设置	如图 3.68 所示,包括标贯图块、动探图块、水位符号图块和取样符号图块;各单元格处于编辑状态时,右侧会自动浮现按钮,可以通过按钮选择或编辑对应的图块文件

第三步:生成剖(断)面图图例

生成当前剖(断)面图的图例。

在“剖面”下选择“生成剖(断)面图图例”,弹出对话框如图 3.69 所示。

“图例范围”中“土层图例”指仅生成当前剖(断)面图的土层图例;“剖面全部图例”

字体设置

文字名称	颜色	字高(mm)	使用形文件	字体名称	形文件	大字体文件
标题	3	8.0	×	仿宋_GB231	---	---
孔口标注	1	4.0	×	仿宋_GB231	---	---
层底深度	4	3.0	×	仿宋_GB231	---	---
土层编号	3	2.0	×	仿宋_GB231	---	---
土层名称	3	2.0	×	仿宋_GB231	---	---
时代岩性	3	2.0	×	仿宋_GB231	---	---
承载力	1	2.0	×	仿宋_GB231	---	---
稳定水位	1	2.0	×	仿宋_GB231	---	---
标贯动探	1	2.0	×	仿宋_GB231	---	---
取样符号	1	2.0	×	仿宋_GB231	---	---
风化符号	1	2.0	×	仿宋_GB231	---	---
叠加符号	1	2.0	×	仿宋_GB231	---	---
岩石倾角	1	2.0	×	仿宋_GB231	---	---
地层物理指标	1	2.0	×	仿宋_GB231	---	---
标注栏-第一列	4	2.0	×	仿宋_GB231	---	---
标注栏-孔口高程	4	3.0	×	仿宋_GB231	---	---
标注栏-孔深	4	3.0	×	仿宋_GB231	---	---

□统一设置字体(当改变一项时所有字体都改变)　确定(O)　取消(C)

图 3.66

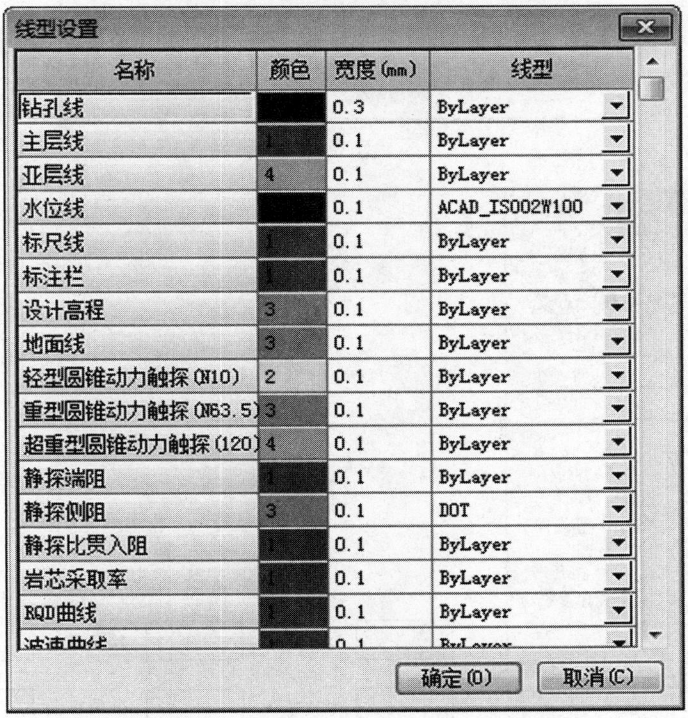

线型设置

名称	颜色	宽度(mm)	线型
钻孔线		0.3	ByLayer
主层线	1	0.1	ByLayer
亚层线	4	0.1	ByLayer
水位线		0.1	ACAD_ISO02W100
标尺线	1	0.1	ByLayer
标注栏	1	0.1	ByLayer
设计高程	3	0.1	ByLayer
地面线	3	0.1	ByLayer
轻型圆锥动力触探(N10)	2	0.1	ByLayer
重型圆锥动力触探(N63.5)	3	0.1	ByLayer
超重型圆锥动力触探(120)	4	0.1	ByLayer
静探端阻	1	0.1	ByLayer
静探侧阻	3	0.1	DOT
静探比贯入阻	1	0.1	ByLayer
岩芯采取率	1	0.1	ByLayer
RQD曲线	1	0.1	ByLayer
波速曲线	1	0.1	ByLayer

确定(O)　取消(C)

图 3.67

指生成当前剖(断)面图包括土层在内的所有图例(如水位符号、标贯符号、动探曲线等)。

“工程全部图例”指生成当前工程的全部图例,而不仅仅是当前剖线的全部图例。生成的图例如图 3.70 所示。

图块文件设置

图块名称	文件路径
标贯图块	gkbgfh. dwg
动探图块	gkdtfh. dwg
水位符号图块	-
初见水位	gkcjsw. dwg
稳定水位	gksw. dwg
取样符号图块	-
(剖面图)原状土符号	gkqy1. dwg
(剖面图)扰状样	gkqy2. dwg
(剖面图)岩样	gkqy3. dwg
(剖面图)水样	gkqy4. dwg

图块颜色：彩色　确定(O)　取消(C)

图 3.68

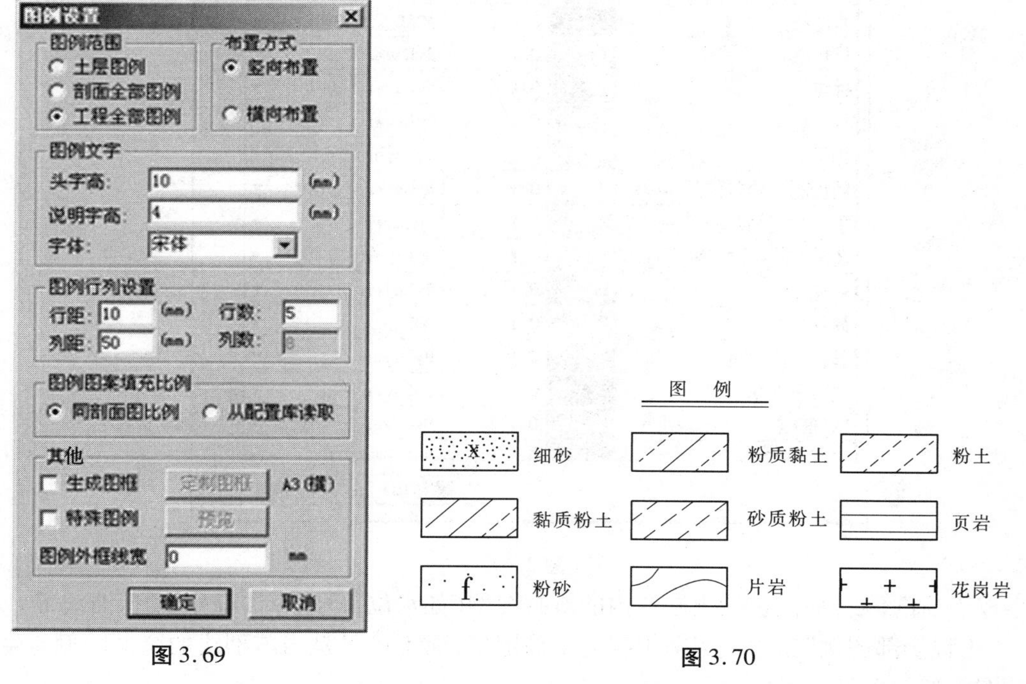

图 3.69　　　　图 3.70

“图例文字”下的“头字高”指图中“图例”两字的高度；“说明字高”指图例说明的字

高(如图3.70中的“粉土”);“字体”指图例中所有文字的字体。

“图例行列设置”下“行距”指生成的图例中相邻两行间的高度;“列距”指相邻两列之间的宽度。竖向生成的图例需要交互生成图例的行数,横向生成的图例需要交互生成的列数。

“图例图案填充比例”可以选择“同剖面图比例”或“从配置库读取”。

“其他”下可以选择“生成图框”并可以通过“定制图框”定制符合自己要求的图框;还可以选择是否生成“特殊图例”。

第四步:生成特殊符号

在剖(断)面图中布置需要的特殊符号。包括布置时代岩性符号、布置耕土(根据AutoCAD命令行的提示依次输入线宽、符号宽度、符号间距,之后在剖面图中选择要布置的点,耕土图例就填充到了指定区域)、布置土石分类符号、布置风化标记。

(1)在“剖(断)面图”下的“特殊符号”下选择相应的命令,给出剖面图中需要布置特殊符号的位置;

(2)按照相应的提示布置即可。

第五步:绘制溶洞

如果在剖面中需要绘制溶洞,则执行此步,否则不用执行。

在需要绘制溶洞的位置,用多段线命令绘制一个封闭的区域(不能为弧线),选择“剖面”下的“绘制溶洞”,按命令行提示信息选择已绘制的封闭区域即可形成溶洞,如图3.71所示。

图3.71

4.2　实训任务

利用已保存的“水校实训楼”理正工程备份文件,分别生成A—A剖面、①—①剖面。

第一步:在理正勘察软件中打开“水校实训楼”理正工程备份文件。

第二步:在打开的“水校实训楼”文件中再打开CAD软件。

第三步:在“剖面”下拉菜单中选择“自动分层”,在弹出的对话框中设置参数。(出图方式:剖面;分层方法:按层号)

第四步:在“剖面”下拉菜单中选择“生成剖(断)面图”,在弹出的对话框中设置参数。(风化表示:“羊”,取样表示:“符号”,孔标注位置:“上部”,两个剖面图在一张图上生成,生成图框,纵横比例尺均为1∶100,全部填充,层线为曲线,标注符号到钻孔的距离左右各1 mm,只在左侧生成表头,最左边和最右边的地层线和地面线的延伸宽度20,左右两侧生成标尺,其他个性化设置)

第五步:在“剖面”下拉菜单中选择“生成剖(断)面图图例”。(图例范围:剖面全部范围)

第六步:生成特殊符号。(根据出现的特殊符号选择生成)

第七步:生成溶洞符号。(根据是否出现溶洞选择生成)

4.3 实训成果

在一个文件中生成两个剖面图,并保存到自己的移动存储设备中,文件名为"水校实训楼剖面图",分别打印出两张纸质剖面图。

4.4 拓展训练

利用已保存的"水校实训楼"理正工程备份文件,分别生成 B—B、C—C、②—②、③—③、④—④、⑤—⑤、⑥—⑥剖面。(调整不同的个性化设置,注意观察设置参数产生的图形效果)

5 任务四:生成柱状图

柱状图处理工程中各钻孔的综合信息,生成标准柱状图,以便设计人员进行设计。可生成六种柱状图:钻孔柱状图、动探柱状图、静探柱状图、地质柱状图、综合柱状图和输变电柱状图。

5.1 生成方法

(1)钻孔柱状图的生成

根据钻孔的相关数据生成钻孔柱状图,在"柱状"菜单下选择"生成钻孔柱状图",弹出对话框如图 3.72 所示。含五页界面,根据项目说明进行设置,最后按"确定"即可。

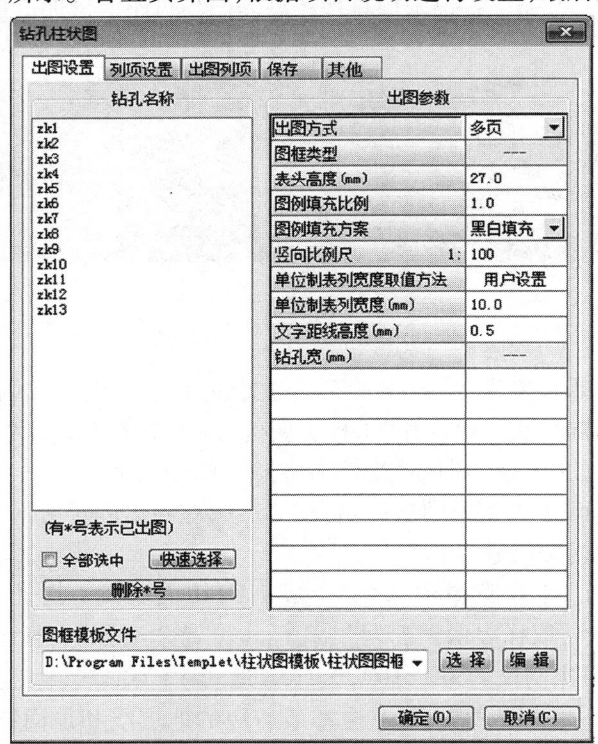

图 3.72

①"出图设置"页,参见图 3.72,项目设置说明如表 3.7 所示。

表 3.7 出图设置页参数设置说明表

项目	说明
钻孔名称	列出了当前工程所有钻孔的编号,如果某个钻孔已出图则程序会自动在该钻孔前加“ * ”以提醒用户,“ * ”号也可以删除;“全部选中”点中时,自动选中所有钻孔。采用快速选择功能,可以快速选择满足自己要求的钻孔
出图方式	“单页”指一个钻孔生成一个柱状图;“多页”指一个钻孔生成多个柱状图。用户选择单页出图时“竖向比例尺”项灰掉不能交互数据
表头高度	设置表头即土层编号等这一行的高度
图框类型	控制图框的图幅
图例填充比例	设置填充图例的比例大小
图例填充方案	有三个选项:黑白填充、彩色填充、有色填充
单位制表列宽度取值方法	有自动计算和用户设置两个选项
单位制表列宽度	设置柱状图所有列的基本宽度,当宽度取值方法为用户设置时此项可编辑
文字距线高度	设置柱状图中文字与相应线的距离
钻孔宽	可设置图中钻孔宽度
图框模板文件	设置柱状图的图框模板,用户可以选择已有的模板

②“列项设置”页,参见图 3.73,项目设置说明如表 3.8 所示。

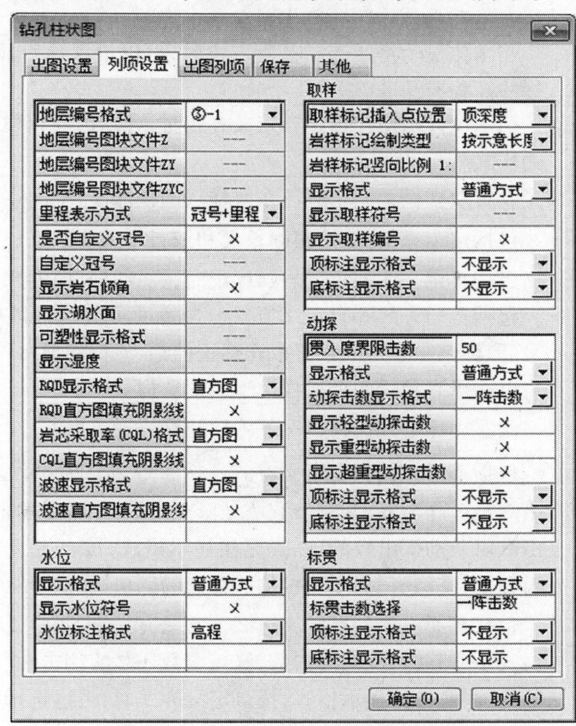

图 3.73

表 3.8　列项设置页参数设置说明表

项目	说明
地层编号格式	设置了三种表示方法。当选中“自定义”样式时,项目下会显示三个图块文件,用户可以对图块进行选择和编辑
里程表示方式	提供了两种里程的表示方式:里程、冠号 + 里程
自定义冠号	当选择冠号 + 里程来表示里程且在自定义冠号前打“√”时有效
显示岩石倾角	根据勘探基本数据表中的岩层倾角控制柱状图填充图例的倾斜角度
显示湖水面	在水利标准下是否显示湖水面
可塑性显示格式	有四种格式供选择:不表示、三分法、四分法、五分法
显示湿度	设置是否表示湿度
RQD 显示格式	包括直方图和数字
RQD 直方图填充阴影线	当采用直方图设置时,设置 RQD 直方图是否可以用阴影线填充
岩芯采取率(CQL)格式	包括直方图和数字
CQL 直方图填充阴影线	当采用直方图设置时,设置 CQL 直方图是否可以用阴影线填充
波速显示格式	包括直方图和折线图
波速直方图填充阴影线	当采用直方图设置时,设置直方图是否可以用阴影线填充
(水位)显示格式	包括普通方式和自定义方式。当选择普通方式时,可以设置是否显示水位符号和水位标注高程或深度
显示水位符号、水位标注格式	当水位显示格式选择普通方式时,可以设置是否显示水位符号以及水位标注高程或深度
初见水位、稳定水位图块	当水位显示格式选择自定义方式时,可以选择和编辑初见水位、稳定水位的样式
取样标记插入点位置	设置取样标记图块标注在取样点的顶深度、中间点或底深度
岩样标记绘制类型	包括按示意长度、按实际长度和按自定义比例三种类型
岩样标记竖向比例	当按自定义比例绘制岩样标记时,设置其竖向的比例
(取样)显示格式	包括普通方式和自定义方式。按普通方式时,可以设置是否显示取样符号、取样编号并可以设置取样标记的顶、底标注显示格式;按自定义方式时,可以选择和编辑四种取样类型的图块样式
贯入度界限击数	设置动探击数何种情况下才标注动探贯入度
(动探)显示格式	包括普通方式和自定义方式。按普通方式时,可以设置动探击数的显示格式是一阵击数、实测击数还是修正击数,是否显示轻型、重型、超重型动探击数以及动探击数的顶、底标注显示格式;按自定义方式时,可以选择和编辑轻型、重型、超重型三种动探类型的图块样式
(标贯)显示格式	包括普通方式和自定义方式。按普通方式时,可以设置标贯击数的显示格式是一阵击数、实测击数、修正击数还是实测击数/修正击数,以及标贯击数的顶、底标注显示格式;按自定义方式时,可以选择和编辑特征值为 0、1、2 三种标贯类型的图块样式

③“出图列项”页,参见图3.74。

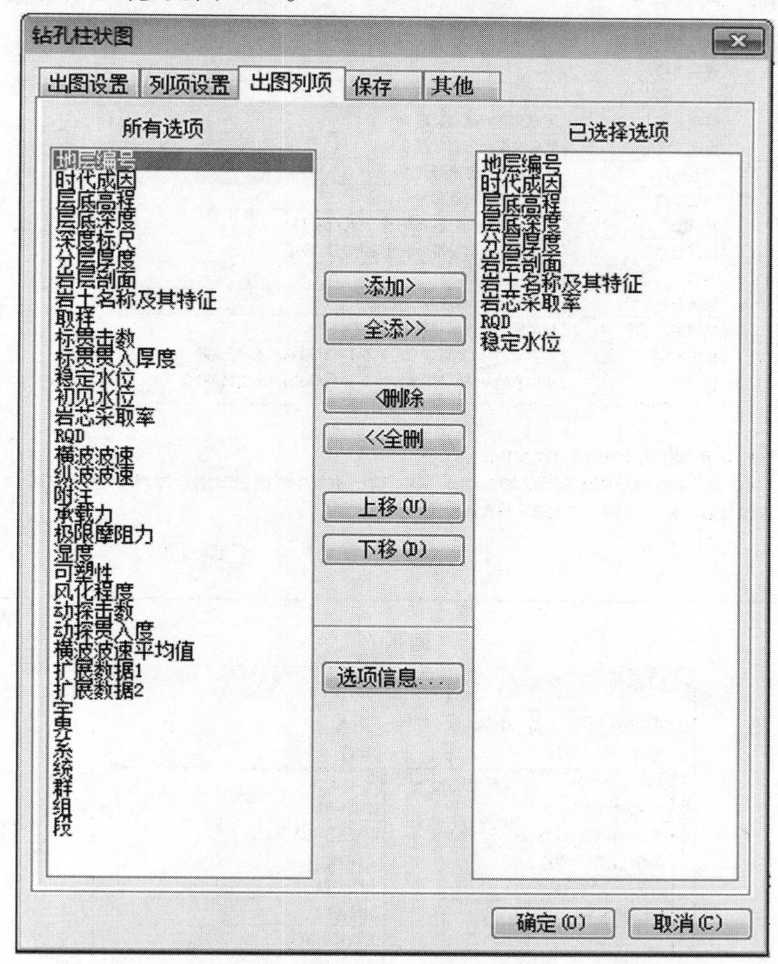

图3.74

“出图列项”页列出了钻孔柱状图可以生成的所有列选项,根据当前工程的实际情况,选择需要出图的列项,并可以通过鼠标拖动或者“上移”和“下移”自定义排列各列项的先后顺序。

单击界面上的“选项信息”,可以配置柱状图的表头对照信息表,见图3.75,配置前请参考界面下端的提示,按要求填写!

④“保存”页,参见图3.76。

“保存”项下文件保存类型的“单个柱状图”指一个dwg文件保存一个柱状图,“多个柱状图”指一个dwg文件保存多个柱状图;“文件中柱状图个数”设置柱状图的个数;“同一钻孔图的间距”设置同一钻孔的柱状图图框之间的间距;“不同钻孔图的间距”设置不同钻孔的柱状图图框之间的间距,单位是毫米;“指定dwg文件的名称”选中时可设置要保存的dwg文件名称。

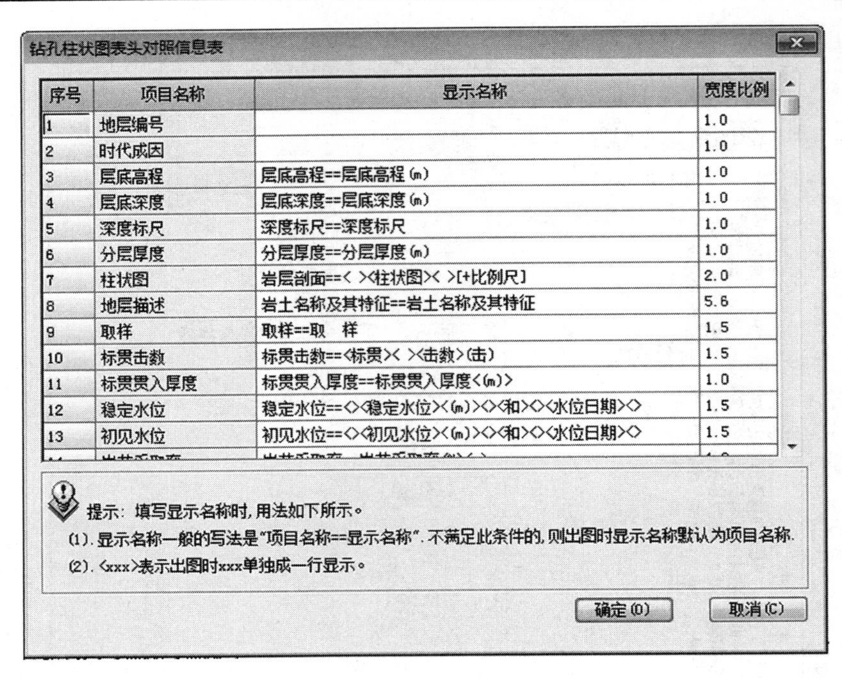
钻孔柱状图表头对照信息表
序号 项目名称 显示名称 宽度比例
1 地层编号 1.0
2 时代成因 1.0
3 层底高程 层底高程==层底高程(m) 1.0
4 层底深度 层底深度==层底深度(m) 1.0
5 深度标尺 深度标尺==深度标尺 1.0
6 分层厚度 分层厚度==分层厚度(m) 1.0
7 柱状图 岩层剖面==< ><柱状图>< >[+比例尺] 2.0
8 地层描述 岩土名称及其特征==岩土名称及其特征 5.6
9 取样 取样==取 样 1.5
10 标贯击数 标贯击数==<标贯>< ><击数>(击) 1.5
11 标贯贯入厚度 标贯贯入厚度==标贯贯入厚度<(m)> 1.0
12 稳定水位 稳定水位==<><稳定水位><(m)><><和><><水位日期><> 1.5
13 初见水位 初见水位==<><初见水位><(m)><><和><><水位日期><> 1.5
提示：填写显示名称时，用法如下所示。
(1).显示名称一般的写法是"项目名称==显示名称"．不满足此条件的，则出图时显示名称默认为项目名称.
(2).<xxx>表示出图时xxx单独成一行显示。
确定(O) 取消(C)

图 3.75

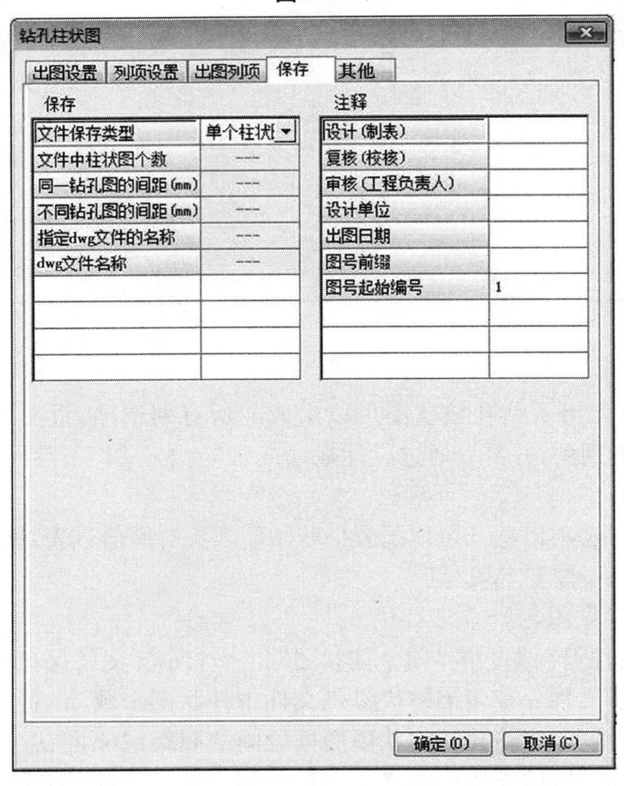
钻孔柱状图
出图设置 列项设置 出图列项 保存 其他
保存
文件保存类型 单个柱状
文件中柱状图个数
同一钻孔图的间距(mm)
不同钻孔图的间距(mm)
指定dwg文件的名称
dwg文件名称
注释
设计(制表)
复核(校核)
审核(工程负责人)
设计单位
出图日期
图号前缀
图号起始编号 1
确定(O) 取消(C)

图 3.76

"注释"项下的设计、复核等项目指的是生成柱状图时 dwg 文件的图签,由用户自己编辑各个项目的内容。

⑤"其他"页,参见图 3.77,项目设置说明如表 3.9 所示。

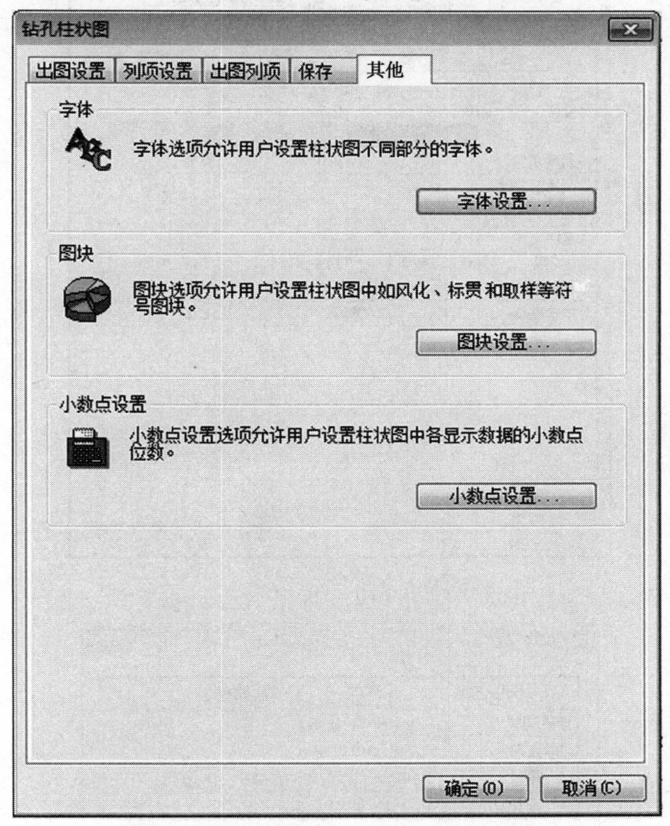

图 3.77

表 3.9 其他页参数设置说明表

项目	说明
字体设置	如图 3.78 所示,可以设置柱状图中标题、表头、表体的字高、颜色、宽高比、字体名称、行间距和数字字高等特性
图块文件设置	如图 3.79 所示,包括标贯图块、动探图块、风化图块、水位图块和取样图块;通过需要修改图块的右侧按钮可以对这些图块进行选择和编辑
小数点设置	小数点设置对话框有两页,包括表体小数点设置和模板关键字小数点设置,功能同剖面图部分

字体设置
标题 {
表头 {
表体 {
钻孔柱状图
标题 表头 表体
字高(mm) 8.0 3.5 2.5
宽高比 0.7 0.7 0.7
颜色 4 2
倾斜度(度) 0.0 0.0 0.0
是否为形文件 × × ×
形文件 --- --- ---
大字体文件 --- --- ---
字体名称 仿宋_GB2312 仿宋_GB2312 仿宋_GB2312
行间距(mm) --- 0.2 ---
数字字高(mm) --- --- 2.1
确定(O) 取消(C)

图 3.78

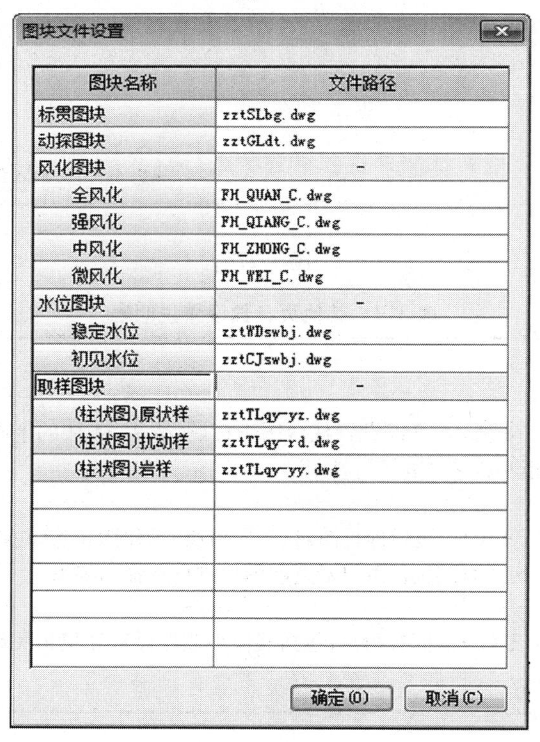
图块文件设置
图块名称 文件路径
标贯图块 zztSLbg.dwg
动探图块 zztGLdt.dwg
风化图块 -
全风化 FH_QUAN_C.dwg
强风化 FH_QIANG_C.dwg
中风化 FH_ZHONG_C.dwg
微风化 FH_WEI_C.dwg
水位图块 -
稳定水位 zztWDswbj.dwg
初见水位 zztCJswbj.dwg
取样图块 -
(柱状图)原状样 zztTLqy-yz.dwg
(柱状图)扰动样 zztTLqy-rd.dwg
(柱状图)岩样 zztTLqy-yy.dwg
确定(O) 取消(C)

图 3.79

(2)操作技巧

①生成柱状图时,快速选择钻孔

在柱状图界面(见图3.72)上,单击“快速选择”,弹出对话框如图3.80所示,用户可以根据“钻孔类型”、“钻孔名称”、“ * ”号进行快速选择满足特定要求的钻孔,并在对话框的下边显示钻孔总数和符合条件的钻孔数目。

②打开成果图

打开已经生成的柱状图,包括钻孔、静探、动探和地质柱状图。

在“柱状”菜单下选择“打开成果图”,弹出对话框如图3.81所示,在“钻孔类型”里选择已生成的柱状图的类型,选中一个类型后会在上面的“选择编辑项目”中列出该类型下所有已生成的柱状图,选择要编辑的成果图,单击“确定”按钮即可。

注意:由于8.0支持CAD多文档模式,故可以同时打开多张成果图查看浏览。

③编辑柱状图文本

方便快速修改柱状图上文字信息。

在“柱状”菜单下选择“编辑柱状图文本”,根据AutoCAD命令行的提示在柱状图中选定一个文字对象后,弹出“字符编辑”对话框如图3.82所示,修改文本信息后,点击“确认”按钮即可。

注意:若已经执行了“炸开所有自定义实体”命令,文字将被炸开而不能再被选中进行修改。

5.2　实训任务

利用已保存的“水校实训楼”理正工程备份文件,分别生成1~10号钻孔的柱状图。

第一步:在理正勘察软件中打开“水校实训楼”理正工程备份文件。

第二步:在打开的“水校实训楼”文件中打开CAD软件。

第三步:在“柱状”菜单中选择“生成钻孔柱状图”,在弹出的对话框中设置参数(出图列项按附录一提供的柱状图模板设置;竖向比例尺:1∶100;自动计算单位制表列宽度;柱状图中文字与相应线的距离为1 m;取样标记插入点为中间点;在同一个文件中生成10个柱状图;不同钻孔图的间距为20 mm;标题字高10 mm;表头字高4 mm;表体字高3 mm;表体文字采用隶书,其他采用宋体;小数点保留2位;其他可个性化设置)。

第四步:设置参数完后点击对话框中的“确定”按钮完成柱状图的绘制。

5.3　实训成果

在一个文件中生成10个柱状图,并保存到自己的移动存储设备中,文件名为“水校实训楼柱状图”,分别打印出10张纸质钻孔柱状图。

5.4　拓展训练

利用已保存的“水校实训楼”理正工程备份文件,分别生成11~18号钻孔的柱状图(出图列项按附录一提供的柱状图模板设置,其他的参数可个性化设置,注意观察设置参数产生的图形效果)。

图 3.80

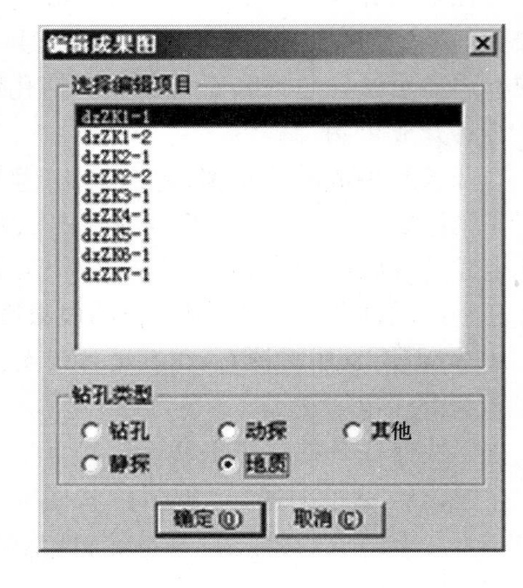

图 3.81

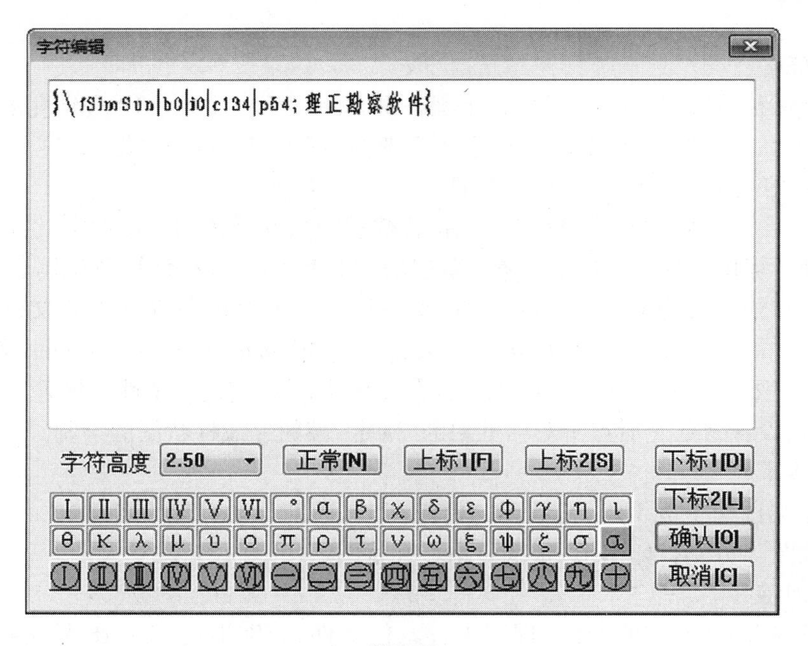

图 3.82

项目四　编写工程地质勘察报告

1　知识点

对报告依据的所有原始资料、岩土的各项性质指标数据均应进行整理、检查、分析、鉴定,认为无误后才能利用。报告的内容应根据任务要求、勘察阶段、地质条件、工程特点等具体情况编写。对于地质条件简单,勘察工作量小,设计、施工上无特殊要求的三级工程,报告可采用图表式并附以简要的文字分析说明。其他勘察工程,报告的内容则要按规定详细编写。

1.1　报告编写的程序

要写出高质量的工程地质勘察报告,就要了解报告编制的程序。报告编制的程序主要有:

(1)外业和试验资料的汇集、检查和统计。此项工作应在外业工作期间或结束后随即进行。首先应检查各项资料是否齐全,特别是试验资料是否齐全,同时可编制测量成果表、勘察工作量统计表和勘探点(钻孔)平面位置图。

(2)对照原位测试和土工试验资料,校正现场地质编录。这是一项很重要的工作,但往往被忽视,从而出现野外定名与试验资料相矛盾,鉴定黏性土的状态与试验资料相矛盾,应找出原因,并修改校正,使野外对岩土的定名及状态鉴定与试验资料和原位测试数据相吻合。

(3)编绘钻孔工程地质综合柱状图。

(4)划分岩土地质分层,编制分层统计表,进行数理统计。地基岩土的分层恰当与否,直接关系到评价的正确性和准确性。因此,此项工作必须按地质年代、成因类型、岩性、状态、风化程度、物理力学特征来综合考虑,正确地划分每一个单元的岩土层。然后编制分层统计表,包括各岩土层的分布状态和埋藏条件统计表,以及原位测试和试验测试的物理力学统计表等。最后,进行分层试验资料的数理统计,计算各分层的地基承载力。

(5)编绘工程地质剖面图和其他专门图件。

(6)编写文字报告。

按以上顺序进行工作可减少重复,提高效率,避免差错,保证质量。在较大的勘察场地或地质地貌条件比较复杂的场地,应分区进行勘察评价。

1.2　报告编写的基本要求

(1)工程地质勘察报告所依据的原始资料,应进行整理、检查、分析,确认无误后方可使用。

(2)工程地质勘察报告应资料完整、真实准确、数据无误、图表清晰、论据充分、结论有据、建议合理、便于使用,并应因地制宜,重点突出,有明确的工程针对性。

(3)工程地质勘察报告应根据任务要求、勘察阶段、工程特点和地质条件等具体情况编写，主要应包括下列内容：

①勘察目的、任务要求和依据的技术标准；

②拟建工程概况；

③勘察方法和勘察工作布置；

④场地地形、地貌、地层、地质构造、岩土性质及其均匀性；

⑤各项岩土性质指标，岩土的强度参数、变形参数、地基承载力的建议值；

⑥地下水埋藏情况、类型、水位及其变化；

⑦土和水对建筑材料的腐蚀性；

⑧可能影响工程稳定的不良地质作用的描述和对工程危害程度的评价；

⑨场地稳定性和适宜性的评价；

⑩地基基础方案的评价；

⑪结论与建议。

(4)工程地质勘察报告应对岩土利用、整治和改造的方案进行分析论证，提出建议；对工程施工和使用期间可能发生的岩土工程问题进行预测，提出监控和预防措施的建议。

(5)成果报告应附下列图件：建筑物总平面图；勘探点平面布置图；工程地质(或钻孔)柱状图；工程地质剖面图；原位测试成果图表；室内试验成果图表。需要时可附综合工程地质图、综合地质柱状图、地下水等水位线图、素描、照片、综合分析图表以及岩土利用、整治和改造方案的有关图表、岩土工程计算简图及计算成果图表等。

(6)对岩土的利用、整治和改造的建议，宜进行不同方案的技术经济论证，并提出对设计、施工和现场监测要求的建议。

(7)任务需要时，可提交下列专题报告：

①岩土工程测试报告；

②岩土工程检验或监测报告；

③岩土工程事故调查与分析报告；

④岩土利用、整治或改造方案报告；

⑤专门岩土工程问题的技术咨询报告。

(8)勘察报告的文字、术语、代号、符号、数字、计量单位、标点，均应符合国家有关标准的规定。

(9)对丙级岩土工程勘察的成果报告内容可适当简化，以图表为主，辅以必要的文字说明；对甲级岩土工程勘察的成果报告除应符合本节规定外，尚可对专门的岩土工程问题提交专门的试验报告、研究报告或监测报告。

(10)工程地质勘察报告的编制应符合现行规范，特别应当严格执行《工程建设标准强制性条文》的规定。

2 编写内容及分析方法

工程地质勘察报告一般由文字和图表两部分组成，文字部分尽量做到内容齐全、重点突出、条理通顺、文字简练、论据充实、结论明确、简明扼要、合理适用。主要包括以下

内容。

2.1　前言

(1)工程概况

根据建设方提供的勘察委托书内容,叙述拟建工程名称;位置;性质、用地面积;建筑外围尺寸及面积;层数(地上及地下)、高度;结构特点;拟采用的基础类型、埋置深度;一般柱(或线)荷载、最大柱(或线)荷载;地基允许变形及其他特殊要求;设计室内外地坪标高;建筑抗震设防类别;建设单位、设计单位名称等内容。

(2)勘察阶段及勘察等级

依据《岩土工程勘察规范》(GB 50021—2001)(2009 年版)第 4.1.2 条规定,勘察阶段应分阶段进行,为满足设计精度要求,勘察阶段与设计阶段应协调一致;根据现场踏勘情况,依据《岩土工程勘察规范》(GB 50021—2001)(2009 年版)第 3.1.1 ~3.1.4 条有关勘察等级的划分标准,对工程重要性、场地复杂程度及地基复杂程度进行划分,综合确定本工程的勘察等级。

(3)勘察目的、要求及依据

依据《岩土工程勘察规范》(GB 50021—2001)(2009 年版)对各类工程要求查明的内容及勘察委托书中提出的勘察目的和要求进行编写;勘察依据为本次勘察所使用的全国或地方规程规范、标准;文件、图纸、合同、委托书等。房屋建筑勘察涉及的主要规程规范及标准如下:

①《岩土工程勘察规范》(GB 50021—2001)(2009 年版);

②《建筑地基基础设计规范》(GB 50007—2011);

③《建筑抗震设计规范》(GB 50011—2010);

④《建筑桩基技术规范》(JGJ 94—2012);

⑤《房屋建筑和市政基础设施工程勘察文件编制深度规定》(2010 年版);

⑥《高层建筑岩土工程勘察规范》(JGJ 72—2004);

⑦《建筑地基处理技术规范》(JGJ 79—2012);

⑧《建筑基坑支护技术规程》(JGJ 120—2012);

⑨《建筑边坡工程技术规范》(GB 50330—2013);

⑩《工程岩体分级标准》(GB 50218—94);

⑪《土工试验方法标准》(GB/T 50123—1999);

⑫《市政工程勘察规范》(CJJ 56—2012)。

还有贵州地方规范:

①《贵州建筑岩土工程技术规范》(DB 22/46—2004)(2014 年正在修改中,新版规范即将出版);

②《贵州建筑地基基础设计规范》(DB 22/45—2004)(2014 年正在修改中,新版规范即将出版)。

勘察工作中应根据最新规程规范的要求进行,编写勘察依据时应选用最新实施的版本号。

(4)勘察方法及工作布置

常用的勘察方法包括工程地质调查；工程测量；工程地质钻探；声波测试；静载试验；岩、土、水室内外测试等。没有开展的方法可不描述。

①工程地质调查：调查的内容、范围；已建工程的勘察成果。

②工程测量：已知测量控制点或基准点的位置、坐标及高程，测量时所采用的仪器设备和方法，坐标系统及高程系统，主要的测量成果。

③工程地质钻探：勘探孔平面的布置原则、间距、总数量，勘探孔深度的控制原则，所使用的钻机类型、数量，野外工作时间，采用的钻进方法及主要参数，钻探质量的控制方法，安全手段等。

④声波测试：采用的主要仪器类型，测试孔的位置、数量，总深度或总点数，现场测试方法及成果分析方法。

⑤静载试验：静载试验的对象、位置、数量，试验类型，采用的仪器设备，试验方法，主要参数，成果分析方法等。

⑥岩、土、水现场取样的数量及占比，取样器规格及取样方法说明，室内外测试的主要项目，试验方法及资料整理方法，水位、流量测试的方法，日期等。

⑦列表说明各勘察方法完成的工作量。

2.2 场地环境与工程地质条件

(1)场地环境

应叙述当地气象、水文条件，场地交通、用地范围及周围已有建筑物情况，地下管线，洞室等环境条件。

(2)地形地貌

描述勘察场地的具体地理位置(地理经纬度)，地貌部位，主要形态，地貌单元划分，地形的一般高程，平整程度，坡度，相对高差。

(3)地质构造

主要阐述场地所处的区域构造部位，是否有断裂及褶皱构造(如果有，应描述其分布及特征)，岩层的产状，节理裂隙的发育情况。

(4)岩土构成及特征

首先叙述地基岩土的分层情况及单元的划分，从上至下分层分别描述年代、成因、类型、分布及其工程特性。这一部分客观反映场地的工程地质条件，是各种勘察方法所得资料的综合，是进行工程地质评价的基础。

①分布：通常有“普遍”、“较普遍”、“广泛”、“较广泛”、“局限”、“仅见于”等用语。对于分布较普遍和较广泛的层位，要说明缺失的孔段；对于分布局限的层位，则要说明其分布的孔段。

②埋藏条件：包括层顶底埋藏深度、标高及厚度的一般值、最大值、最小值。如场地较大，分层埋深和厚度变化较大，则应指出埋深和厚度最大、最小的位置。

③土层：叙述时代、成因、颜色、成分及包含物、结构、构造、砂土粉土的湿度、黏性土(红黏土)稠度状态、红黏土的裂隙发育情况，粗粒土的密实度、分选性等。

④岩层：叙述时代、成因、颜色、矿物成分、结构、构造、风化程度、岩石坚硬程度、岩芯完整程度(长柱状、柱状、短柱状、碎块状、砂状等)、岩体的完整程度及其基本质量等级、

岩溶发育程度、节理裂隙发育情况(产状、密度、张闭性质、充填胶结)。

(5)地表水与地下水

地下水类型,稳定水位及其动态变化幅度,地下水的补给、径流和排泄条件,地下水与地表水的补排关系,是否存在对地下水及地表水的污染源及污染程度。必要的水文地质试验成果及水文地质参数(降深、涌水量、渗透系数等)。

(6)不良地质作用

描述不良地质作用的类型(如岩溶、土洞、塌陷、滑坡、崩塌、泥石流、地面沉降、断裂和砂土液化等),分布,规模,发育程度。如贵州常见的岩溶应主要阐述岩溶发育规律,岩溶主要形态,地表或地下基岩面的起伏情况,遇洞隙的钻孔数量、洞隙率及线岩溶率、平面位置,岩溶洞隙的高度,顶底板标高,充填情况及堆填物的性状。

2.3 岩土参数统计

岩土参数包括物理特性参数和力学性质参数,统计参数应根据岩土工程评价的需要选取,一般包括土层的天然密度、天然含水量;粉土、黏性土的孔隙比;黏性土(红黏土)的塑限、液限、塑性指数和液性指数;土的压缩性指标和抗剪强度指标(C、ϕ);岩石的密度、软化系数、吸水率、饱和单轴抗压强度等。具体统计方法详见项目一,在报告中阐明采用的统计公式、主要的计算过程及结果,分单元采用列表形式,列出试验报告及统计的主要结果,其中,一般指标可只列出试验(或统计)个数、最大值、最小值及统计的平均值,对孔隙比和压缩模量除应列出统计个数、最大值、最小值及平均值外,还应列出标准差、变异系数,对内聚力、内摩擦角、饱和单轴抗压强度除列出以上项目外,还应增加修正系数及标准值。

2.4 场地的工程地质评价

勘察报告应在工程地质测绘、勘探、测试及搜集已有资料的基础上,结合工程特点和要求进行岩土工程分析评价,提供设计与施工所需的岩土参数。岩土工程分析评价主要包括:场地稳定性、适宜性评价;特殊性岩土评价;地下水和地表水评价;岩土工程参数分析;地基基础方案分析;根据工程需要所进行的基坑、边坡等相关问题的分析评价。

(1)场地稳定性、适宜性评价

①不良地质作用与地质灾害、边坡的影响

A. 具有岩溶作用的场地

阐述岩溶发育的区域地质背景,分析岩溶的形成条件,土洞或塌陷的成因,影响因素,发育规律与下伏岩溶的关系,发展趋势与危害性。

a. 根据岩溶发育程度,将岩溶场地划分为三个发育等级。

Ⅰ. 凡符合下列条件之一者为岩溶强发育:

地表有较多岩溶塌陷、漏斗、洼地、泉眼分布;

溶沟、溶槽、石芽密布,基岩面高差大于 5 m;

地下有暗河、伏流分布;

钻孔见洞率大于 30% 或线岩溶率大于 20%;

溶槽或串珠状竖向溶洞发育深度超过 20 m。

Ⅱ. 当地表无岩溶塌陷、漏斗、溶沟、溶槽发育，基岩面相对高差小于 2 m，钻孔见洞率小于 10% 或线岩溶率小于 5% 时为岩溶微发育。

Ⅲ. 除强发育和微发育外为岩溶中等发育。

b. 当基底面积大于溶洞平面尺寸并满足支承长度要求时，对基本质量等级为Ⅰ级岩体中的溶洞，其基底以下的溶洞顶板厚度大于 0.3d（d 为溶洞直径）；Ⅱ级岩体中的溶洞，其溶洞顶板厚度大于 0.4d；Ⅲ级岩体中的溶洞，其溶洞顶板厚度大于 0.5d 时，可不考虑溶洞的影响。

c. 当基底面积小于溶洞平面尺寸时，对基本质量等级为Ⅰ级或Ⅱ级的岩体，可按冲切锥体模式验算溶洞顶板的抗冲切承载力。岩石极限抗拉强度标准值宜由试验确定，初步确定时，可取 0.05 倍岩石饱和单轴抗压强度。基础底面以下的溶洞顶板厚度 h 大于 1.7d 时，可不考虑溶洞的影响。

d. 基本质量等级为Ⅲ级或Ⅳ级的岩体，可做原位实体基础载荷试验，以评价溶洞顶板的强度与稳定性，最大加载量应不小于地基设计要求的 2 倍。

e. 位于溶槽、漏斗、岩石陡坎近旁的基础，当岩体中有倾向临空面的不利软弱结构面时，应验算地基滑移稳定性。当稳定系数大于或等于 1.35 时，可不考虑地基滑移。

f. 有土洞分布的场地，应根据土洞成因，预测其发生和发展趋势，评价土洞对场地地坪稳定性的影响。

g. 地下水位高于基岩面附近的场地，需作施工降水时，应评价降水对周围环境是否会造成危害。

B. 具有滑坡的场地

滑坡区的地质背景，滑坡的类型、范围、规模、滑动方向、形态特征，滑动带岩土特征、近期变形破坏特征、发展趋势、影响范围及对工程的危害性，滑坡的形成条件与影响因素分析，滑面抗剪强度参数，稳定性分析的计算模式与计算方法，最终稳定性结论及工程建设的适宜性，并提出防治措施建议。

C. 具有危岩或崩塌的场地

危岩或崩塌的地质背景，类型、范围、规模、塌落方向、形态特征，危岩岩体特征，近期变形破坏特征、发展趋势、影响范围及对工程的危害性，危岩或崩塌的形成条件及影响因素，分析其稳定性，评价其影响范围、危害程度及工程建设的适宜性，并提出防治处理措施建议。

D. 具有泥石流的场地

泥石流区的地质背景，泥石流的类型、历次发生的时间、规模、物质组成、颗粒成分、暴发的频度与强度，近期破坏特征、发展趋势和危害程度，泥石流形成区、径流区及堆积区的特征，分析泥石流的形成条件，评价其对工程建设的影响并提出防治措施建议。

E. 具有边坡工程的场地

边坡的高度、坡度、形态，构成边坡的岩土特征，分析影响边坡稳定的工程地质条件、气象及工程建设等因素，提出稳定性验算的主要岩土参数，确定边坡的破坏模式和评价方法，验算边坡的稳定性并对验算结果进行评价，提出边坡处理的措施建议和设计施工所需的岩土参数。

②场地地震效应的影响

抗震设防烈度等于或大于6度的地区,需进行场地和地基的地震效应评价,明确评价所依据的标准(如最新的《建筑抗震设计规范》(GB 50011—2010))。

A. 根据《建筑抗震设计规范》附录A确定勘察场地的抗震设防烈度、设计基本地震加速度和设计地震分组。附录A.0.21贵州省各(县)市的地震参数如下:

a. 抗震设防烈度为7度,设计基本地震加速度值为0.10g:

第一组:望谟;

第二组:威宁。

b. 抗震设防烈度为6度,设计基本地震加速度值为0.05g:

第一组:贵阳(乌当*、白云*、小河、南明、云岩、花溪),凯里,毕节,安顺,都匀,黄平,福泉,贵定,麻江,清镇,龙里,平坝,纳雍,织金,普定,六枝,镇宁,惠水,长顺,关岭,紫云,罗甸,兴仁,贞丰,安龙,金沙,印江,赤水,习水,思南*(注:上标*号表示该城镇的中心位于本设防区和较低设防区的分界线);

第二组:六盘水,水城,册亨;

第三组:赫章,普安,晴隆,兴义,盘县。

B. 根据《建筑抗震设计规范》第4.1.1条,选择建筑场地时,按表4.1划分对建筑有利、一般、不利和危险地段。

表4.1　有利、一般、不利和危险地段的划分

地段类别	地质、地形、地貌
有利地段	稳定基岩,坚硬土,开阔、平坦、密实、均匀的中硬土等
一般地段	不属于有利、不利和危险地段
不利地段	软弱土,液化土,条状突出的山嘴,高耸孤立的山丘,陡坡,陡坎,河岸和边坡的边缘,平面分布上成因、岩性、状态明显不均匀的土层(如故河道、疏松的断层破碎带、暗埋的塘浜沟谷和半填半挖地基),高含水量的可塑黄土,地表存在结构性裂缝等
危险地段	地震时可能发生滑坡、崩塌、地陷、地裂、泥石流等及地震断裂带上可能发生地表位错的部位

C. 根据《建筑抗震设计规范》第4.1.2~4.1.6条划分建筑场地的类别。

③工程建设场地适宜性评价

根据以上不良地质作用、地质灾害、边坡及地震效应的影响,综合评价场地是否适宜建筑物的修建。

(2)特殊性岩土评价

红黏土场地的评价:根据《岩土工程勘察规范》(GB 50021—2001)(2009年版)及《贵州建筑岩土工程技术规范》(DB 22/46—2004)的规定,应划分红黏土的状态、结构、复浸水特性及红黏土地基变形均匀性。

①红黏土的稠度状态按表4.2中的含水比 α_w 判定，进行静力触探时也可按比贯入阻力 P_s 进行判定。

表4.2　红黏土的状态分类

状态	含水比 α_w	比贯入阻力 P_s（kPa）
坚硬	$\alpha_w \leqslant 0.55$	$P_s \geqslant 2\,300$
硬塑	$0.55 < \alpha_w \leqslant 0.7$	$2\,300 > P_s \geqslant 1\,300$
可塑	$0.7 < \alpha_w \leqslant 0.85$	$1\,300 > P_s \geqslant 700$
软塑	$0.85 < \alpha_w \leqslant 1.00$	$700 > P_s \geqslant 200$
流塑	$\alpha_w > 1.00$	$P_s < 200$

注：$\alpha_w = \omega / \omega_L$。

②红黏土的结构类型综合灵敏度指标和裂隙发育特征按表4.3分类。

表4.3　红黏土的结构分类

土体结构	类别	灵敏度 S_T	裂隙发育特征
致密状	Ⅰ	$S_T > 1.2$	偶见裂隙（<1条/m）
块状	Ⅱ	$1.2 \geqslant S_T > 0.8$	较多裂隙（1～5条/m）
碎块状	Ⅲ	$S_T \leqslant 0.8$	富裂隙（>5条/m）

③红黏土的复浸水特性应按表4.4分类。

表4.4　红黏土的复浸水分类

类别	I_r 与 I'_r	复浸水特性
Ⅰ	$I_r \geqslant I'_r$	收缩后浸水膨胀，能恢复到原位
Ⅱ	$I_r < I'_r$	收缩后浸水膨胀，不能恢复到原位

注：$I_r = \omega_L / \omega_p$，$I'_r = 1.4 + 0.006\,6\omega_L$。

④红黏土地基变形均匀性应按表4.5分类。

表4.5　红黏土地基变形均匀性分类

类别	地基变形均匀性	基底下 Z 深度范围内岩土构成
Ⅰ	变形均匀地基	全部由红黏土构成
Ⅱ	变形不均匀地基	由红黏土和岩石构成

注：当单独基础的总荷载 P_1 为500～3 000 kN/柱，条形基础荷载 P_2 为100～250 kN/m时，表中 Z 值可按下式确定：单独基础，$Z = Z_1 P_1 + 1.5$；条形基础，$Z = Z_2 P_2 - 4.5$。式中，Z_1 可取0.003 m/kN，Z_2 可取0.05 m/kN。

（3）地下水和地表水评价

对地下水和地表水取样进行水质分析，根据《岩土工程勘察规范》（GB 50021—2001）（2009年版）第12.2条，划分水和土对建筑材料（混凝土、钢筋及钢）的腐蚀性等级；根据岩土体渗透性、地表水与地下水的相互联系、地下水位、流向、流速等水文地质参数分析评价地下水对工程建设的影响，并提出控制地下水的措施；当地下水位较高，对地下建筑物有抗浮问题时应进行抗浮评价。

(4)岩土工程参数分析

根据岩土参数的统计结果,结合地区性工程经验,对场地地基的岩土参数进行分析评价,提出设计、施工所需的建议值。由于各单元岩土层性质不同,物理力学参数也不相同,因此应分层、分单元分别提出各层的建议值,主要物理性指标需提出平均值,剪切指标需提出标准值(规范规定的统计方法),地基岩土需提出承载力特征值。

土层地基承载力特征值可采用载荷试验按《建筑地基基础设计规范》(GB 50007—2011)附录C、附录D有关规定确定;也可按《建筑地基基础设计规范》(GB 50007—2011)第5.2.5条所列公式按如下要求计算。

当偏心距 e 小于或等于0.033倍基础底面宽度时,根据土的抗剪强度指标确定地基承载力特征值可按下式计算,并应满足变形要求:

$$f_a = M_b \gamma b + M_d \gamma_m d + M_c c_k \tag{4.1}$$

式中　f_a——由土的抗剪强度指标确定的地基承载力特征值;

M_b、M_d、M_c——承载力系数,按表4.6确定;

b——基础底面宽度,大于6 m时按6 m取值,对于砂土小于3 m时按3 m取值;

d——基础埋深;

c_k——基底下一倍短边宽深度内土的内聚力标准值。

表4.6　承载力系数 M_b、M_d、M_c

土的内摩擦角标准值 ϕ_k(°)	M_b	M_d	M_c
0	0	1.00	3.14
2	0.03	1.12	3.32
4	0.06	1.25	3.51
6	0.10	1.39	3.71
8	0.14	1.55	3.93
10	0.18	1.73	4.17
12	0.23	1.94	4.42
14	0.29	2.17	4.69
16	0.36	2.43	5.00
18	0.43	2.72	5.31
20	0.51	3.06	5.66
22	0.61	3.44	6.04
24	0.80	3.87	6.45
26	1.10	4.37	6.90
28	1.40	4.93	7.40
30	1.90	5.59	7.95
32	2.60	6.35	8.55
34	3.40	7.21	9.22
36	4.20	8.25	9.97
38	5.00	9.44	10.80
40	5.80	10.84	11.73

注:ϕ_k 为基底下一倍短边宽深度内土的内摩擦角标准值。

岩石地基承载力特征值可按《建筑地基基础设计规范》(GB 50007—2011)附录H岩基载荷试验方法确定,对完整、较完整和较破碎的岩石地基承载力特征值可根据室内饱和单轴抗压强度按下式计算:

$$f_a = \psi_r \cdot f_{rk} \tag{4.2}$$

式中 f_a——岩石地基承载力特征值,kPa;

f_{rk}——岩石饱和单轴抗压强度标准值,kPa;

ψ_r——折减系数。根据岩体完整程度以及结构面的间距、宽度、产状和组合,由地区经验确定。无地区经验时,对完整岩体可取0.5;对较完整岩体可取0.2~0.5;对较破碎岩体可取0.1~0.2。

注意:

(1)上述折减系数值未考虑施工因素及建筑物使用后的风化作用;

(2)对于黏土质岩在确保施工期及使用期不致遭水浸泡时,也可采用天然湿度的试样,不进行饱和处理。

对破碎、极破碎的岩石地基承载力特征值,可根据地区经验取值。无地区经验时,可根据平板载荷试验确定。

有试验参数的岩土层,报告中应阐明经验系数的取值依据、计算公式、计算过程、计算结果及最终取值。没有取样试验的不建议作为持力层的岩土层,也应根据地区经验提出承载力的经验值。

(5)地基基础方案分析

①基础持力层的确定

表层的填土,特别是杂填土和新近填土,不能直接作为基础的持力层。上部建筑物楼层不高(如6~8层以下),荷载不大,表层或浅部土体承载力较高,均匀性较好,能满足建筑物要求时,应尽量采用浅部的天然土层作为持力层(如埋深较浅的硬塑或可塑红黏土层)。上部建筑物荷载虽然不大,但土层性质很差,不能满足建筑物要求时,浅部的天然土层就不能作为持力层,此时,要么利用深部的岩层作为持力层,要么对浅部不能满足要求的土层进行适当的处理,用处理后的人工地基作为持力层。当上部建筑物荷载较大(如高层建筑物),土层承载力已无法满足要求时,应利用深部的岩层作为持力层。岩层的承载力受风化程度的影响较大,荷载不大、变形要求相对较低的建筑物,可利用强风化层作为持力层;荷载较大、变形要求相对较高的建筑物,则应利用中风化层作为持力层。当建筑物有地下室,地下室底面高程已进入岩层或接近于岩层(剩余土层较薄)时,应选用岩层作为持力层。

②基础形式的确定

持力层埋深较浅,上部结构为砖混结构时,一般选择浅埋的条形基础;上部结构为框架结构时,可选择无筋扩展基础、扩展基础、柱下条形基础及筏板基础。持力层为深部岩层时,一般情况下选用灌注桩基础,如地下室基坑开挖后,作为持力层的岩层距基坑底面较浅时,也可采用扩展基础。

③基础埋置深度的确定

确定基础埋置深度的原则是在满足地基稳定和变形要求的前提下尽量浅埋。除岩石地基外，基础埋置深度不应小于0.5 m。基础底面应嵌入持力层一定深度，一般可考虑0.5 m。当作为持力层的岩层中发育有溶蚀洞隙时，除洞隙规模很小且顶板厚度较大外，基础底面应深入洞隙底板以下，确保基础底面下一定深度内（一般考虑5 m）无影响地基稳定的溶蚀洞隙。为避免基础产生滑动，基础底面坡度或相邻桩基础底面高差不能过大。对扩展基础和柱基础，报告中应以表格形式阐明各基础底面的埋深、标高、基础形式、地基持力层的承载力等数据。

④基坑开挖与支护

阐述基坑周围岩土条件，周围环境概况，提供岩土的重度和抗剪强度指标，分析基坑施工与周围环境的相互影响，提出基坑开挖与支护的建议。

2.5　结论与建议

结论与建议要有明确的针对性，对评价内容应作简明阐述，结论明确，一般应包括以下内容：

(1)对场地和地基岩土稳定性的评价，地震效应评价。

(2)结合建筑物的类型及荷载要求，分层阐明地基岩土作为基础持力层的可能性和适宜性。

(3)提供各层岩土的承载力及相关工程地质参数。

(4)地下水及土的腐蚀性评价，地下水对基础施工的影响和防护措施。

(5)地基基础方案的建议，包括基础形式及埋深等。

(6)基础施工中应注意的有关问题及建议，包括安全、质量、验槽、遇特殊地质问题的处理等。

(7)其他需要专门说明的问题，如补充勘察，《贵州建筑地基基础设计规范》(DB 22/45—2004)第10.1.1条和第10.1.4条规定，在岩溶地区基槽、基坑、桩孔开挖后，应采用钎探或钻探或物探对地基持力层进行查验，应视岩性检验基底下3*D*（*D*为基底短边宽度或桩端直径）或5 m深度范围内有无空洞、破碎带、软弱夹层等不良地质条件。

如果在勘察时还进行了声波测试、现场静载试验、抽水试验等工作，则每项工作还应提供专门的测试或试验报告。

文字报告后所附图表包括：勘察委托书；岩石、土工试验报告；水质化学分析报告；总平面图；钻孔平面布置图；钻孔柱状图；工程地质剖面图等。

3　实训任务

根据附录三提供的水校实训楼初步整理的勘察资料及项目三所绘制的工程地质图，参照附录二某工程的勘察报告，编写“水校实训楼岩土工程勘察报告”文字部分（Word文件）。

文字部分目录：

一、概况（前言）

1. 工程概况

2. 勘察阶段及勘察等级

3. 勘察目的、任务及技术要求

4. 勘察主要技术依据
5. 勘察方法和完成实物工作量
二、场地岩土工程地质条件
1. 场地环境
2. 地形地貌及工程环境条件
3. 地质构造
4. 场地岩土构成及特征
5. 水文地质条件
6. 岩溶及不良地质现象
三、岩土参数统计
四、场地岩土工程评价
1. 场地稳定性及适宜性评价
2. 红黏土场地评价
3. 地下水及地表水的评价
4. 地基承载力的确定
5. 天然地基评价及基础持力层选择
6. 地基基础方案评价
五、结论与建议

4 实训成果

生成“水校实训楼岩土工程勘察报告”文字部分，包含封面、扉页、目录、正文，将电子文件保存在自己的移动存储设备中，并打印出纸质文字报告。

5 拓展训练

按项目三中实训任务的要求，补充未完成的剖面图和柱状图，并打印出纸质图纸，按岩土工程勘察报告的完整内容，装订出一套完整的“水校实训楼岩土工程勘察报告”。

附录一　钻孔柱状图、钻孔平面布置图、剖面图范例

钻孔柱状图

工程名称	×××工程						
工程编号	20131112-XXX			钻孔编号	ZK1		
孔口高程(m)	833.97	坐标	X=3 080 902.77	开工日期	2013.09.28	稳定水位深度(m)	
孔 深(m)	19.70		Y=425 131.75	竣工日期	2013.09.28	测量水位日期	

地层编号	时代成因	层底高程(m)	层底深度(m)	分层厚度(m)	柱状图 1:150	岩土名称及其特征	岩芯采取率(%)	RQD(%)	取样	岩体声波速度 V_p(m/s)
①	Q^{al}	833.17	0.80	0.80		黏土：褐黄色、紫红色，可塑，土质均匀，土芯切面光滑，干强度中等，韧性中等				
②	T_1y	828.27	5.70	4.90		强风化泥灰岩：灰黄色、深灰色，薄层状，岩石节理裂隙发育，岩体破碎，岩芯呈碎块状、块状				
③		814.27	19.70	14.00		中风化泥灰岩：灰色、深灰色，薄—中厚层状，岩石节理裂隙较发育，岩体较破碎，岩芯呈短柱状、柱状，少量块状			ZK1-1 8.70~8.90	

×××工程勘察公司	工程负责人		审核		图号	

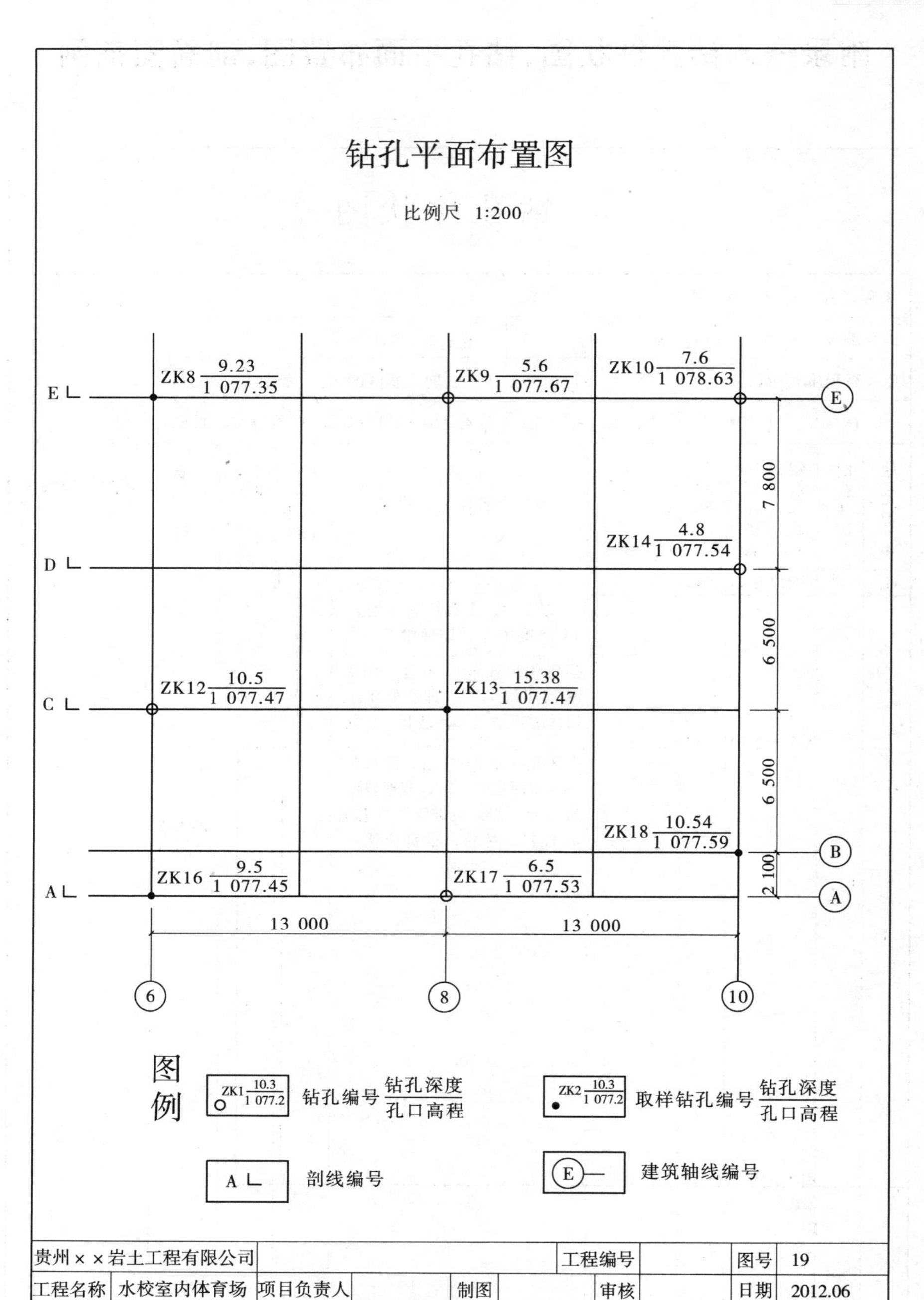

贵州××岩土工程有限公司				工程编号		图号	19
工程名称	水校室内体育场	项目负责人	制图		审核	日期	2012.06

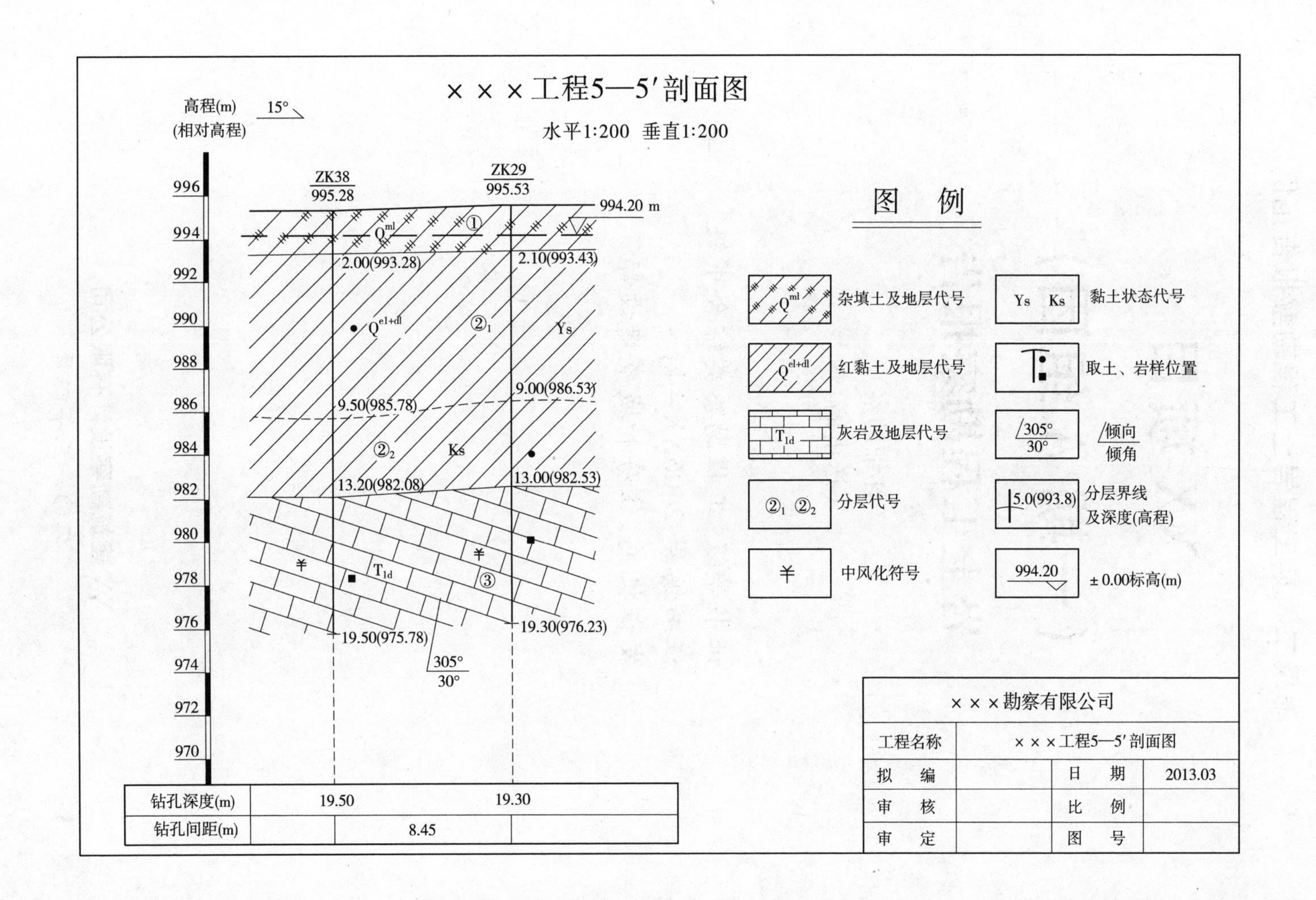
×××工程5—5′剖面图
水平1:200　垂直1:200
高程(m)
(相对高程)
15°
996
994
992
990
988
986
984
982
980
978
976
974
972
970
ZK38
995.28
ZK29
995.53
994.20 m
①
②1
②2
③
2.00(993.28)
2.10(993.43)
9.50(985.78)
9.00(986.53)
13.20(982.08)
13.00(982.53)
19.50(975.78)
19.30(976.23)
305°
30°
Ys
Ks
T1d
钻孔深度(m)
19.50
19.30
钻孔间距(m)
8.45
图　例
杂填土及地层代号
红黏土及地层代号
灰岩及地层代号
分层代号
中风化符号
黏土状态代号
取土、岩样位置
倾向
倾角
分层界线
及深度(高程)
5.0(993.8)
994.20
±0.00标高(m)
×××勘察有限公司
工程名称
×××工程5—5′剖面图
拟　编
日　期
2013.03
审　核
比　例
审　定
图　号

附录二　某工程岩土工程勘察报告范例

XX 项目

（一期 A 组团）

岩土工程勘察报告

（详细勘察）
（送审稿）

证书等级：工程勘察类综合甲级
证书编号：2406XX－kj
发证机关：住房和城乡建设部

XX 建筑勘察设计有限公司
二〇一三年四月

XX 项目

（一期 A 组团）

岩土工程勘察报告

（详细勘察）

总 经 理：
总工程师：
审　　定：
审　　核：
工程负责：

XX 建筑勘察设计有限公司

二〇一三年四月

目　　录

图例

附件：

岩土工程勘察委托书

附表：

1. 土工试验报告

2. 岩石试验报告

3. 水质化学分析报告

一、概况

1. 工程概况

"XX项目(一期A组团)工程"由XX有限公司投资兴建,拟建场地位于XX市南郊XX镇XX东侧,G75兰海高速和G210国道XX侧,杭瑞高速以南,场地交通十分便利。整个组团包括A-1#~A-19#楼以及展示区共20个单体。由XX设计有限公司进行设计,受XX市XX有限公司委托,我公司承担本项目详勘阶段的勘察工作。

本次勘察工程提交报告为XX项目(一期A组团)展示区、A-1#、A-15#共3栋楼(下称拟建场地)。位于拟建A组团南端,占地呈多边形,其平面位置详见总平面图No. 01。拟建建筑物特征详见表1。

表1 拟建建筑物特征一览表

楼号	层数	±0.00标高(m)	地下室底板标高(m)	平面形态长×宽(m×m)	结构形式	单柱最大荷载(kN)	拟采用基础形式	备注
展示区	-2+2F	919.00	911.50	98.96×43.82	框架	4 000	桩基础	两层地下室-7.50 m
A-1#	-1+3F	922.30	919.00	21.00×19.1	框架	2 000	桩基础	一层地下室-3.30 m
A-15#	-1+3F	926.40	922.90	41.20×22.6	框架	2 500	桩基础	一层地下室-3.50 m

根据拟建工程的规模和特征,工程重要性等级为二级,结合《岩土工程勘察规范》(GB 50021—2001)(2009年版)3.1岩土工程勘察分级,场地复杂程度为二级,地基复杂程度为二级。综上所述,本次岩土工程勘察等级为乙级。

2. 勘察目的、任务及技术要求

2.1 勘察目的及任务

根据委托要求及《岩土工程勘察规范》(GB 50021—2001)(2009年版)要求,本次勘察的目的及任务为:

(1)查明场地的地质构造、岩土类别、分布范围及成因类型。

(2)查明各岩土单元物理力学性质及其建筑性能,并对地基的稳定性、均匀性进行工程地质评价。

(3)查明地下水类型、埋藏情况以及水位的季节性变化幅度。

(4)查明持力层和主要受力层的分布,对其承载力和变形特性作出评价,提出经济合理的基础方案建议。

(5)判明场地土类型和建筑场地类别,提供抗震设计的有关参数。

(6)根据建筑物结构及荷载特征,提出地基基础方案合理化建议。

2.2 本次勘察主要研究的岩土工程问题

本次勘察工作的重点是场地的填土、红黏土层及岩体，主要研究的岩土工程问题为：

(1)查明覆盖层的分布、厚度、物质成分、均匀性、密实度；

(2)共青湖湖水与地下水的关系以及对基坑和基础施工的影响；

(3)岩石地基问题，包括地基强度、稳定性及其建筑性能，并提出地基处理有效方案。

3.勘察主要技术依据

(1)《岩土工程勘察规范》(GB 50021—2001)(2009 年版)；

(2)《贵州建筑岩土工程技术规范》(DB 22/46—2004)；

(3)《建筑地基基础设计规范》(GB 50007—2011)；

(4)《贵州建筑地基基础设计规范》(DB 22/45—2004)；

(5)《建筑抗震设计规范》(GB 50011—2010)；

(6)《建筑桩基技术规范》(JGJ 94—2012)；

(7)《建筑地基处理技术规范》(JGJ 79—2012)；

(8)《工程岩体分级标准》(GB 50218—94)；

(9)水文地质手册；

(10)拟建项目的设计图件和委托勘察技术要求。

4.勘察方法和完成实物工作量

为查明场地上述岩土工程问题，达到本阶段勘察研究目的，本次勘察工作以 XY-100 型钻机钻探为主，现场地表地质调查、地表工程地质测绘、岩土样试验、原位测试、资料收集、工程测量等为辅。结合现场岩土鉴定与临近场地的勘察经验等，综合分析、研究场地岩土工程地质条件。具体方法如下：

4.1 地表地质调查

以场地为中心，在 1.0 km^2 范围内进行地质调查。查明场地地形地貌、地质构造、地层岩性以及岩层产状等。

4.2 钻探布置

根据设计提供的柱位平面图进行布孔，确定采取“一柱一孔”原则布设勘探点。拟建展示区、A-1#、A-15# 3 栋楼共布置 144 个勘察孔。其中展示区布置钻孔 71 个，控制性钻孔 21 个；A-1#布置钻孔 31 个，控制性钻孔 10 个；A-15#布置钻孔 42 个，控制性钻孔 14 个。钻孔编号及分布详见钻孔平面布置图 No.02、No.03、No.04。

钻孔深度：根据《贵州建筑岩土工程技术规范》(DB 22/46—2004)表 6.2.4-2 规定，详勘勘探深度进入中风化完整基岩 $3D$ 且不小于 5 m，综合考虑，本次勘察钻孔深度控制为进入中风化岩石不小于 5.0 m，其中选择 1/4~1/3 钻孔为控制性钻孔，钻探深度加深 3.0~5.0 m。

4.3 岩土样试验

本次勘察取土样 19 件送实验室进行常规土工试验，取岩样 13 件进行室内岩石常规试验，用以评价地基岩土承载力值。

4.4 简易水文观测

为了解地表水及地下水动态的基本特征和地下水埋藏的基本条件，在场区附近进行地表水调查，了解地下水特征及埋藏条件。根据规范和技术要求，于勘察过程中对钻孔内地下水位进行了初见水位及终孔稳定水位观测并进行了终孔水位复测。

4.5　工程测量

由规划部门以及业主给定规划控制点，其编号及坐标分别为：

a. GPS9 号：　X = 3 054 601.478　　Y = 385 948.832　　H = 944.595

b. GPS2 号：　X = 3 054 107.336　　Y = 386 044.710　　H = 960.714

在上述控制点的基础上，根据设计图资料，我公司测量技术人员使用全站仪进行钻孔定位及孔口高程测量。

本次勘察工作于 2013 年 3 月 25 日开始，于 4 月 5 日结束外业工作。勘察完成主要工作量见表 2。

表 2　岩土勘察主要完成实物工作量统计表

工作项目	单位	工作量	备注
地表地质调查	km^2	1	地形地貌、地质构造、工程环境等地表地质调查
钻孔定位测量	个	144	坐标法
土层钻探进尺	m	1 078.7	土层冲击钻进
岩层钻探进尺	m	914.8	岩层回转钻进
土样测试	件	19	现场采集
岩样测试	件	13	现场采集
简易水文观测	孔	41	
资料收集	《XX 市共青湖环湖道路工程地质勘察报告》		

二、场地岩土工程地质条件

1. 气候、气象

据 XX 市气象局资料，拟建场区属亚热带季风性湿润气候，冬无严寒、夏无酷暑，无霜期长。夏季受东南海洋季风气候影响显著，具有温和湿润的气候特征。雨量充沛，年降水量为 1 000 ~ 1 300 mm，变化范围在 700 ~ 1 500 mm，日降水量大于或等于 100 mm 的大暴雨日数，年平均在 0.5 天以下。气候温和，多年平均气温 12.6 ~ 13.1 ℃。7 月最高，月均温 23 ~ 28 ℃；1 月最低，月均温 2 ~ 8 ℃；年平均风速 0.9 ~ 2.2 m/s，最大可达 23.5 m/s；全年大于 16 m/s 的大风日数为 1 ~ 4 天；无霜期一般为 270 ~ 300 天。

2. 地形地貌及工程环境条件

2.1　地形地貌

拟建场区位于 XX 岩溶盆地南部的低中山溶蚀洼地地貌区，以中低山峰丛为主，地势起伏较大。场地中央为共青湖，拟建场区位于共青湖东侧，原始地面最高标高点位于拟建场地右侧山顶，标高约为 995.8 m，最低标高为共青湖，标高约为 903.0 m。最大高差 92.8

m。拟建展示区经平场后现状地面标高为912.00～915.50 m,A－1#经平场后现状地面标高约为其地下室底板标高919.00 m, A－15#经平场后现状地面标高约为其地下室底板标高922.90 m。

2.2　工程环境条件

拟建勘察场地原为居民居住区,原状建筑密度一般;场区西侧为共青湖,展示区位于共青湖边,A－1#距离共青湖约为50.0 m,A－15#距离共青湖约为90.0 m。勘察期间共青湖水位标高约为906.5 m,常年水位标高为906.00～909.00 m,历史洪水位标高约为911.5 m;另拟建场地内未见复杂管网分布。

综上所述,场区工程地质环境较为复杂。

3.地质构造

根据区域地质及实际钻探资料,拟建工程场地主要地层为三叠系下统夜郎组(T_{1y})薄至中厚层状石灰岩,其实测产状为倾向105°～115°,倾角40°～50°;局部受次级构造的影响,产状有一定变化。场地范围内主要发育有一组“X”节理:J1:40°∠80°、J2:182°∠60°,节理以泥质及方解石胶结为主,胶结程度较差,多呈闭合状态,宽度为3～5 mm,垂向延伸受岩层层面控制,一般不超过0.8 m,结构面较为平整。受节理影响,拟建场区下伏岩层岩体较破碎,完整性较差。

另外,场区及邻近地段无区域性活动断层通过,区域稳定性较好。

4.场地岩土构成及特征

据场地平场开挖及钻探揭露,拟建场地岩土主要由杂填土、红黏土及下伏三叠系下统夜郎组(T_{1y})薄至中厚层状石灰岩组成。通过岩芯观察及室内试验鉴别,岩土特征自上而下分述如下。

4.1　土层

(1)杂填土(Q^{ml}):杂色,为新近填土,主要由砖块、混凝土块、黏土及少量垃圾组成,由平整场地而形成,未分层压实,结构松散。主要分布于拟建场地展示区、A－1#楼以及A－15#楼西侧,厚度不均,一般小于2.8 m。

(2)红黏土(Q^{el+dl}):土黄色至浅黄色,广泛分布于场区之内,其厚度受场地平整时开挖和下伏基岩面起伏控制有一定差异。按塑性状态的不同可分为:硬塑红黏土、可塑红黏土及软塑红黏土。根据《贵州建筑岩土工程技术规范》表3.1.2－3,红黏土的复浸水特性为Ⅱ类,收缩后浸水膨胀,不能恢复到原位。

①硬塑红黏土:土黄色,稍湿,切面较光滑,不易捏成团,局部含铁锰质结核,偶见强风化团块。厚度不均,为1.1～4.2 m,平均厚度约为2.57 m。

②可塑红黏土:浅黄色,湿,切面光滑,韧性较高,手指易压进,可搓成条,含铁锰质结核,偶见强风化团块。厚度不均,为1.5～6.0 m,平均厚度约为3.93 m。

③软塑红黏土:主要分布于岩土界面及溶沟、溶槽和岩溶洞(隙)中,厚度受岩溶发育形态变化控制。

4.2　基岩

拟建场区下伏基岩为三叠系下统夜郎组(T_{1y})薄至中厚层状石灰岩,层状单斜产出,方解石脉发育,节理裂隙较发育,岩体受节理裂隙影响,较为破碎。岩芯多呈柱状、短柱状

或碎块状，岩芯采取率为60%～80%，根据岩样的室内岩石常规试验结果统计，其岩块饱和单轴抗压强度标准值 $f_{rk}=37.558$ MPa，根据《工程岩体分级标准》(GB 50218—94)表3.4.2、表4.1.1综合评价该场地岩体为较坚硬岩，岩体较破碎，岩体基本质量级别为Ⅳ级。场地岩土构成、分布及基岩起伏情况详见“工程地质剖面图”。

5. 岩溶及不良地质现象

场地位于低中山溶蚀、风化剥蚀低丘缓坡位置，下伏基岩为灰岩，属可溶性碳酸类岩，场地内的岩溶为碳酸盐类岩溶，其发育主要受岩性及构造控制。拟建场区完成的144个钻孔中，遇溶洞(隙)钻孔23个，遇溶率为16%；基岩起伏面高差超过2 m，根据《贵州建筑岩土工程技术规范》(DB 22/46—2004)综合判断拟建场地为岩溶中等发育场地。

地下岩溶发育形态主要为隐伏型溶蚀洞隙，软塑黏土充填。岩溶洞隙发育无明显规律性，无明显统一标高，且规模大小不一。根据钻孔揭露各岩溶洞(隙)特征详见表3。

表3 钻孔揭露岩溶现象统计表

序号	孔号	岩溶形态	标高(m)		洞(隙)垂高(m)	顶板岩体厚度(m)	充填状态	处理措施
			洞隙顶	洞隙底				
1	1－5	溶洞	911.00	910.30	0.7	1.5	充填软塑红黏土	揭顶穿越，利用溶洞(隙)底板岩体
2	1－14	溶洞	910.10	909.10	1.0	1.0	充填软塑红黏土	揭顶穿越，利用溶洞(隙)底板岩体
3	1－19	溶洞	909.40	908.50	0.9	1.8	充填软塑红黏土	揭顶穿越，利用溶洞(隙)底板岩体
4	1－22	裂隙	907.90	907.50	0.4	0.9	充填软塑红黏土	揭顶穿越，利用溶洞(隙)底板岩体
5	1－30	溶洞	906.30	905.40	0.9	2.3	充填软塑红黏土	揭顶穿越，利用溶洞(隙)底板岩体
6	15－4	溶洞	911.20	910.50	0.7	1.2	充填软塑红黏土	揭顶穿越，利用溶洞(隙)底板岩体
7	15－9	溶洞	912.50	911.80	0.7	1.5	充填软塑红黏土	揭顶穿越，利用溶洞(隙)底板岩体
8	15－21	溶洞	914.50	913.30	1.2	2.0	充填软塑红黏土	揭顶穿越，利用溶洞(隙)底板岩体

续表3

序号	孔号	岩溶形态	标高(m)		洞(隙)垂高(m)	顶板岩体厚度(m)	充填状态	处理措施
			洞隙顶	洞隙底				
9	15-24	溶洞	912.70	911.00	1.7	1.1	充填软塑红黏土	揭顶穿越,利用溶洞(隙)底板岩体
10	15-33	溶洞	913.70	912.50	1.2	1.7	充填软塑红黏土	揭顶穿越,利用溶洞(隙)底板岩体
11	15-42	溶洞	914.90	913.20	1.7	1.5	充填软塑红黏土	揭顶穿越,利用溶洞(隙)底板岩体
12	ZS-8	溶洞	908.50	907.40	1.1	1.2	充填软塑红黏土	揭顶穿越,利用溶洞(隙)底板岩体
13	ZS-14	溶洞	907.00	906.50	0.5	0.8	充填软塑红黏土	揭顶穿越,利用溶洞(隙)底板岩体
14	ZS-17	溶洞	908.20	907.30	0.9	1.1	充填软塑红黏土	揭顶穿越,利用溶洞(隙)底板岩体
15	ZS-22	溶洞	907.20	905.70	1.5	2.5	充填软塑红黏土	揭顶穿越,利用溶洞(隙)底板岩体
16	ZS-27	溶洞	905.80	904.60	1.2	0.9	充填软塑红黏土	揭顶穿越,利用溶洞(隙)底板岩体
17	ZS-28	溶洞	906.00	905.40	0.6	0.8	充填软塑红黏土	揭顶穿越,利用溶洞(隙)底板岩体
18	ZS-39	溶洞	904.10	903.10	1.0	2.3	充填软塑红黏土	揭顶穿越,利用溶洞(隙)底板岩体
19	ZS-48	溶洞	907.60	906.90	0.7	1.3	充填软塑红黏土	揭顶穿越,利用溶洞(隙)底板岩体
20	ZS-57	溶洞	902.20	901.00	1.2	2.2	充填软塑红黏土	揭顶穿越,利用溶洞(隙)底板岩体
21	ZS-60	溶洞	905.80	904.90	0.9	0.9	充填软塑红黏土	揭顶穿越,利用溶洞(隙)底板岩体
22	ZS-64	溶洞	905.20	904.50	0.7	0.6	充填软塑红黏土	揭顶穿越,利用溶洞(隙)底板岩体
23	ZS-69	裂隙	905.20	904.80	0.4	1.4	充填软塑红黏土	揭顶穿越,利用溶洞(隙)底板岩体

此外,场地及邻近地段无活动性断层通过,场地内无地裂缝、滑坡、崩塌、泥石流等不良地质现象发育。

6　水文地质条件

6.1　地表水

拟建场区西侧为共青湖,湖岸多为农田耕地,周边为中低山地貌,地势相对共青湖较高,周边地表水都向共青湖汇集。勘察期间,共青湖水位标高约为906.5 m,常年水位标高为906.00~909.00 m,历史洪水位标高约为911.5 m,水位受降雨量影响大,其主要补给来源为大气降水以及周边泉水汇集。另外,场区农田中有地表水体分布,主要为灌溉用水。

除此以外,其余地段无地表水体分布。但由于拟建场地自然斜坡坡度较陡,且有小型沟谷存在,雨季沟谷地表水汇集,水量较大,施工时应注意地表抽排水措施。本次勘察引用《XX市共青湖环湖道路工程地质勘察报告》地表水水质分析成果(见表4),水样试验分析如下:

表4　共青湖地表水水质特征表

测试项目		单位(mg/L)	测试项目	单位(mg/L)
阳离子	Ca^{2+}	91.35	全硬度(以 $CaCO_3$ 计)	284.09
	Mg^{2+}	14.10	永久硬度(以 $CaCO_3$ 计)	13.45
	K^{+}	3.20	暂时硬度(以 $CaCO_3$ 计)	270.64
	Na^{+}	4.10	负硬度(以 $CaCO_3$ 计)	0
阴离子	Cl^{-}	8.64	总碱度(以 $CaCO_3$ 计)	270.64
	SO_4^{2-}	13.68	游离 CO_2	63.73
	HCO_3^{-}	5.409	固定 CO_2	119.00
	CO_3^{2-}	0	侵蚀性 CO_2	0
			pH 值	7.10

根据《岩土工程勘察规范》,场地所处环境类别为Ⅱ类环境。共青湖地表水水质分析表明,该水质为碳酸盐钙、钠质水,对混凝土结晶类、分解类及结晶复合类具有微腐蚀性,对混凝土中钢筋具有微腐蚀性,对钢结构具有微腐蚀性。

6.2　地下水

根据拟建场区地层岩性组合及地下水的赋存特征,结合区域水文地质资料及钻探情况,地下水类型主要分为上层滞水和基岩潜水,由于场区离共青湖较近,且深度较浅,孔内水位标高大致与湖水面标高呈一定梯度。

上层滞水主要补给来源为大气降雨。含水层为分布于地势低平地段的耕植土及黏土中,无统一水位标高,分布不均匀,常呈透镜状分布,水位、水量具明显的季节性特征,丰枯季差异大,富水性弱。

基岩潜水赋存于碎屑岩组的风化壳、裂隙中,以各种风化裂隙为相对主要的储存空间,属潜水。主要来源于相邻含水层侧向补给及大气降雨补给,季节性特征明显。

结合区域水文地质资料,地下水径流方向为两侧地势较高处向中间地势较低处汇集,整个场区地下水从区域上看，整体径流方向大致为以共青湖为中心，由四周向中间汇集，以共青湖为排泄基准面，排泄于共青湖内。本次勘察引用《XX 市共青湖环湖道路工程地质勘察报告》地下水水质分析成果（见表5），场地所处环境类别为Ⅱ类湿润半湿润区，水样试验分析如下：

表5　地下水水质特征表

测试项目		单位(mg/L)	测试项目	单位(mg/L)
阳离子	Ca^{2+}	74.74	全硬度(以 $CaCO_3$ 计)	340.08
	Mg^{2+}	37.78	永久硬度(以 $CaCO_3$ 计)	129.81
	K^{+}	2.80	暂时硬度(以 $CaCO_3$ 计)	210.27
	Na^{+}	3.50	负硬度(以 $CaCO_3$ 计)	0
阴离子	Cl^{-}	8.63	总碱度(以 $CaCO_3$ 计)	210.27
	SO_4^{2-}	132.87	游离 CO_2	26.24
	HCO_3^{-}	4.202	固定 CO_2	92.44
	CO_3^{2-}	0	侵蚀性 CO_2	0
			pH 值	7.30

根据《岩土工程勘察规范》，场地所处环境类别为Ⅱ类环境。地下水水质分析表明，该水质为碳酸盐钙、钠质水，对混凝土结晶类、分解类及结晶复合类具有微腐蚀性，对混凝土中钢筋具有微腐蚀性，对钢结构具有微腐蚀性。

6.3　地下水设防水位的确定

根据拟建工程的规模和特征，展示区的地下室底板标高为 911.50 m，A－1#地下室底板标高为 919.00 m，A－15#地下室底板标高为 922.90 m。现阶段拟建场地上各单体建筑物已平整场地至地下室底板标高。

拟建场地西侧为共青湖，勘察期间为枯水期，共青湖水位标高约为 906.5 m，常年水位标高为 906.00～909.00 m，历史洪水位标高约为 911.5 m。根据对拟建场地进行简易水文地质观测，分析其水文地质条件，拟建场区地下水静水位标高展示区为 907.50～909.00 m，A－1#地下水静水位标高为 910.00～912.50 m，A－15#地下水静水位标高为 913.00～914.50 m。

根据场地水文地质情况调查分析，结合场地地下水洪、枯水位的变幅情况，考虑到洪水期，地下水位会升高一些，展示区地下室抗浮水头标高为 911.5 m，故地下水对地下室底板有一定影响，地下室底板和侧壁应按作抗浮和防水处理。A－1#、A－15#地下水静水位相对其地下室底板标高较低，故地下水对地下室底板无较大影响，地下室底板和侧壁按上层滞水影响作防水处理。

三、场地岩土工程评价

1. 场地稳定性评价

场区内部无活动断层通过，地质构造简单，岩体分布连续，周围环境及相邻地段未见

其他影响拟建场地稳定的不良地质作用,拟建场地稳定性良好。

2. 场地抗震条件评价

拟建物的重要性为二级建筑,建筑场地经平场后地形较为平坦,覆盖层平均厚度为 7.49 m,最大厚度为 10.30 m。根据《建筑抗震设计规范》(GB 50011—2010)中表 4.1.6 拟建场地土类别为中软场地土类型,据表 4.1.6 场地类别为Ⅱ类场地。工程区抗震设防烈度为 6 度,设计基本地震加速度值为 0.05g,设计特征周期 0.35 s,设计地震第一组区,拟建场地为可进行建设的抗震一般场地。

3. 场地岩土物理力学指标确定

3.1 土层物理力学指标

本次勘察在场地地段范围内采取红黏土土样 19 件送实验室进行常规土工试验,其中硬塑红黏土样 9 件,可塑红黏土样 10 件。试验数据详见附件《土工常规试验报告》。

统计公式:

$$\delta = \frac{\sigma}{\mu} \quad \mu = \frac{\sum \mu_i}{n} \quad \sigma = \sqrt{\frac{\sum_{i=1}^{n} \mu_i^2 - n\mu^2}{n-1}} \quad \Psi_\varphi = 1 - \left(\frac{1.704}{\sqrt{n}} + \frac{4.678}{n^2}\right)\delta \quad \varphi_k = \Psi_\varphi \mu$$

试验指标统计结果见表 6、表 7。

表 6 硬塑黏土物理力学性质指标统计表

指标		天然含水量(%)	重度 γ (kN/m³)	液限 ω_L(%)	塑性指数 I_P	含水比 α_w	直剪试验		压缩模量 E_{S1-2} (MPa)
							内摩擦角 ϕ(°)	内聚力 C(kPa)	
硬塑红黏土	范围值	37.8 ~ 40.7	17.8 ~ 18.0	57.3 ~ 64.6	20.8 ~ 26.6	0.62 ~ 0.67	11.4 ~ 14.5	38.1 ~ 47.2	10.86 ~ 15.83
	平均值	39.456	17.867	61.278	24.078	0.644	13.233	41.789	12.717
	标准差	0.943	0.087	2.235	2.053	0.017	1.070	3.301	1.585
	变异系数	0.024	0.005	0.036	0.085	0.026	0.081	0.079	0.125
	修正系数	0.985	0.997	0.977	0.947	0.984	0.949	0.951	0.922
	标准值	38.865	17.812	59.879	22.793	0.634	12.564	39.724	11.725

表7 可塑黏土物理力学性质指标统计表

指标		天然含水量(%)	重度γ(kN/m³)	液限ω_L(%)	塑性指数I_P	含水比α_w	直剪试验		压缩模量E_{S1-2}(MPa)
							内摩擦角ϕ(°)	内聚力C(kPa)	
红黏土	范围值	39.4~58.8	16.6~17.9	53.2~81.5	23.8~37.8	0.70~0.79	6.2~12.2	32.1~51.5	5.11~9.53
	平均值	50.150	17.140	67.720	31.450	0.742	9.430	41.64	6.498
	标准差	5.998	0.462	9.510	4.466	0.026	2.191	6.158	0.847
	变异系数	0.120	0.027	0.140	0.142	0.035	0.232	0.148	0.130
	修正系数	0.930	0.984	0.918	0.917	0.979	0.864	0.913	0.918
	标准值	46.638	16.869	62.150	28.835	0.727	8.147	38.034	5.968

3.2 *岩石物理力学性质指标*

本次勘察现场采取石灰岩岩样13件，试验数据详见附件《岩石常规试验报告》，试验指标统计结果见表8。

统计公式：

$$\delta = \frac{\sigma}{\mu} \quad \mu = \frac{\sum \mu_i}{n} \quad \sigma = \sqrt{\frac{\sum_{i=1}^{n} \mu_i^2 - n\mu^2}{n-1}} \quad \Psi_\varphi = 1 - \left(\frac{1.704}{\sqrt{n}} + \frac{4.678}{n^2}\right)\delta \quad \varphi_k = \Psi_\varphi \mu$$

表8 中风化石灰岩岩石试验指标统计表

项目	统计样品数	范围值	平均值f_{rm}	变异系数δ	统计修正系数ψ	单轴抗压强度标准值f_{rk}(MPa)
块体密度(g/cm³)	13	2.55~2.69	2.666			
饱和单轴抗压强度(MPa)	13	35.52~70.40	42.310	0.224	0.888	37.558
备注	试样高径比1:1换算为2:1的折减系数取0.890，去掉变异较大样品，统计样品为36.66、56.57、38.77、36.69、39.65、33.70、46.49、39.25、32.25、46.33、31.61、49.36 MPa					

根据《工程岩体分级标准》(GB 50218—94)表3.4.2、表4.1.1，考虑到场地岩体为较坚硬岩，岩体较破碎，折减系数取0.1，计算中风化岩体承载力特征值：中风化岩体$f_a=f_{rk}\times\psi_r=37.558\times0.1=3.756$(MPa)。

4. 岩土地基工程参数确定

根据《建筑地基基础设计规范》(GB 50007—2011)以及结合该地区经验确定场区内各土层物理力学指标，见表9。

表9　建议场区土层物理力学参数指标表

岩土单元	重度γ (kN/m^3)	内聚力 C_k(kPa)	内摩擦角 ϕ(°)	承载力特征值 f_a(kPa)	压缩模量 (MPa)	基底摩擦系数μ	备注
杂填土	14.0	8.0	10.0	50	—	—	经验值
硬塑红黏土	17.812	39.742	12.564	200.0	11.725	0.25	—
可塑红黏土	16.869	38.034	8.147	170.0	5.968	0.20	—

根据《建筑地基基础设计规范》(GB 50007—2011)，结合室内岩石单轴抗压试验结果和现场钻探岩体完整性，建议场地各岩体单元物理力学指标见表10。

表10　岩体物理力学参数指标表

序号	岩质单元	重度γ (kN/m^3)	建议承载力特征值 f_a(kPa)	备注
1	中风化灰岩	26.66	3 700	—

5. 天然地基评价及基础持力层选择

拟建工程为框架结构，荷载一般，对地基的强度及稳定要求较高。根据设计±0.00标高，结合拟建建筑物自身结构特征及场地岩土构成情况，选择基础持力层。

(1)杂填土：未经压实，结构松散，厚度不均，承载力低，不宜作地基持力层。

(2)红黏土：虽有一定承载力，但厚度不均，厚度薄，且设计荷载较大，不宜作地基持力层。

(3)中风化石灰岩：分布连续、稳定，基岩面起伏较大，岩溶洞隙发育，地基稳定性较好，是理想的持力层。

因此，建议以中风化石灰岩作为基础持力层。

6. 建议基础方案和桩基评价

6.1　基础方案建议

根据拟建场地的工程地质条件、场地岩土地基构成情况、地基岩土的物理力学性质，结合拟建物上部荷载情况及建筑物的结构特点，因拟建建筑物为框架结构，桩柱荷载较大且集中，对沉降敏感，因此拟建建筑物基础形式建议采用嵌岩灌注桩基础(人工挖孔桩)，

以中风化石灰岩作地基持力层。

6.2　桩基评价

(1)桩基稳定性分析

拟建场地地基影响桩基稳定性的因素主要有:

①地基岩层中浅埋岩溶洞隙的发育,其顶板岩体及基本质量特征、顶板厚度、基础荷载大小直接影响桩基稳定性。

②溶沟、溶槽的发育,使岩面起伏不平,溶沟、溶槽多有分布,岩体节理裂隙较发育,岩面形成坡度10°~38°。桩端置于岩层面隆起或斜面处时,有导致滑移的可能。

在桩底应力扩散范围内有浅埋岩溶洞隙,必须进行地基基础处理,确保桩底岩体的稳定性。中风化岩分布较连续,厚度较大,岩石地基承载力特征值较高,对桩基的稳定性有利。

(2)桩基础埋置深度

根据基础荷载分布、单桩基础荷载的大小、场地岩土工程地质条件,以及持力层的埋深,确定桩基础埋置深度,且满足《建筑地基基础设计规范》(GB 50007—2011)第8.5.2、8.5.5条的如下相关条款要求:

①嵌岩灌注桩周边嵌入中风化岩体最小深度不宜小于0.5 m。

②嵌岩灌注桩桩端以下3倍直径范围内应无软弱夹层、断裂破碎带和洞穴分布,在应力扩散范围内无岩体临空面。

③岩溶洞隙周围1.00~2.00 m岩体风化相对较强烈,岩体强度相对较低,根据基础荷载大小,桩端嵌入完整基岩深度不小于0.5 m。

④基岩面起伏不平、岩层表面倾斜处以坡面下方的嵌岩深度为准。

综合上述分析,根据场地岩体结构特征,各拟建建筑物基础形式、基础持力层、建议基底标高等见表11。

表11　基底标高、基础持力层、基础形式、地基处理措施一览表(端承桩含嵌岩0.50 m)

楼号	孔号	建议基底标高(m)	基底岩质单元	承载力特征值(kPa)	建议基础形式
1#	1-1	911.5	中风化石灰岩	3 700	桩基础
1#	1-2	911.5	中风化石灰岩	3 700	桩基础
1#	1-3	911.5	中风化石灰岩	3 700	桩基础
1#	1-4	911.5	中风化石灰岩	3 700	桩基础
1#	1-5	909.5	中风化石灰岩	3 700	桩基础
1#	1-6	910	中风化石灰岩	3 700	桩基础
1#	1-7	910.5	中风化石灰岩	3 700	桩基础
1#	1-8	911	中风化石灰岩	3 700	桩基础
1#	1-9	911.5	中风化石灰岩	3 700	桩基础

续表 11

楼号	孔号	建议基底标高(m)	基底岩质单元	承载力特征值(kPa)	建议基础形式
1#	1 – 10	911	中风化石灰岩	3 700	桩基础
1#	1 – 11	910	中风化石灰岩	3 700	桩基础
1#	1 – 12	911	中风化石灰岩	3 700	桩基础
1#	1 – 13	910. 5	中风化石灰岩	3 700	桩基础
1#	1 – 14	908. 5	中风化石灰岩	3 700	桩基础
1#	1 – 15	909. 5	中风化石灰岩	3 700	桩基础
1#	1 – 16	910. 5	中风化石灰岩	3 700	桩基础
1#	1 – 17	909. 5	中风化石灰岩	3 700	桩基础
1#	1 – 18	909. 5	中风化石灰岩	3 700	桩基础
1#	1 – 19	908	中风化石灰岩	3 700	桩基础
1#	1 – 20	910. 5	中风化石灰岩	3 700	桩基础
1#	1 – 21	910	中风化石灰岩	3 700	桩基础
1#	1 – 22	907	中风化石灰岩	3 700	桩基础
1#	1 – 23	908	中风化石灰岩	3 700	桩基础
1#	1 – 24	908	中风化石灰岩	3 700	桩基础
1#	1 – 25	909	中风化石灰岩	3 700	桩基础
1#	1 – 26	909. 5	中风化石灰岩	3 700	桩基础
1#	1 – 27	908	中风化石灰岩	3 700	桩基础
1#	1 – 28	908	中风化石灰岩	3 700	桩基础
1#	1 – 29	909. 5	中风化石灰岩	3 700	桩基础
1#	1 – 30	904. 5	中风化石灰岩	3 700	桩基础

未完

7. 基坑涌水量分析及排水措施评价

7. 1　地下室基坑涌水量分析

根据拟建场地水文地质条件，拟建场区地下水静水位标高展示区为 907. 50 ~ 909. 00 m，A – 1#地下水静水位标高为 910. 00 ~ 912. 50 m，A – 15#地下水静水位标高为 913. 00 ~ 914. 50 m。展示区的地下室底板标高为 911. 50 m，A – 1#地下室底板标高为 919. 00 m，A – 15#地下室底板标高为 922. 90 m。各建筑物单体地下水位标高位于底板标高以下，且现阶段拟建场地展示区、A – 1#、A – 15#已基本平整至地下室底板标高，地下室无地下水涌入现象。

7.2　桩基坑涌水量分析

由于拟建场地基岩埋深有所变化，场地基岩浅表有少数岩溶洞隙发育，致使部分基础埋深在地下水位以下，而拟建场地西侧临近共青湖，展示区位于共青湖边，A-1#距离共青湖约为50.0 m，A-15#距离共青湖约为90.0 m，故场地地下水较丰富，为准确地评价场地的地下水水文地质条件，根据现场抽水试验结合经验值进行计算。采用大井法公式：

$$Q = [1.366KS(2H_0 - S)/(\lg R - \lg r)] + 4KSr$$

式中　K——渗透系数，取0.28 m/d；

S——水位降深；

H_0——有效含水段长度；

R——地下水影响半径；

r——桩孔半径。

计算得基础基坑涌水量为127 m^3/d。

孔桩基础施工时，特别是雨季施工季节，应做好基坑施工排水的工作。

7.3　排水措施评价

根据地下水、桩基坑涌水量、桩基埋深、桩孔岩土构成综合分析，场地内大部分桩基涌水量较大，可采用边开挖、边抽水的简易排水方法，根据涌水量大小安排水泵直接抽吸排除场地外；当简易排水方法难以达到降水目的时，可在拟建场地周围施工降水井，降低桩基坑内的涌水量，以利于人工作业。

四、结论与建议

(1)拟建场地稳定性较好，场地及邻近地段无活动性断层通过，场地内无地裂缝、滑坡、崩塌、泥石流等不良地质现象，场地区域总体稳定性较好，适宜工程建设。

(2)拟建场区完成的钻孔遇溶率为16%；基岩起伏面高差超过2 m，根据《贵州建筑岩土工程技术规范》(DB 22/46—2004)综合判断拟建场地为岩溶中等发育场地。

(3)根据试验成果及地区工程经验，场地内主要地层的承载力及地基参数如下：

杂填土：重度 $\gamma = 14.0$ kN/m^3，内聚力 $C_k = 8.0$ kPa，内摩擦角 $\phi = 10°$，承载力特征值 $f_a = 50.0$ kPa(经验值)

硬塑红黏土：重度 $\gamma = 17.812$ kN/m^3，内聚力 $C_k = 39.742$ kPa，内摩擦角 $\phi = 12.564°$，承载力特征值 $f_a = 200.0$ kPa

压缩模量 $E_{S1-1} = 11.725$ MPa，基底摩擦系数 $\mu = 0.25$

可塑红黏土：重度 $\gamma = 16.869$ kN/m^3，内聚力 $C_k = 38.034$ kPa，内摩擦角 $\phi = 8.147°$，承载力特征值 $f_a = 170.0$ kPa

压缩模量 $E_{S1-1} = 5.968$ MPa，基底摩擦系数 $\mu = 0.20$

中风化石灰岩：重度 $\gamma = 26.66$ kN/m^3，承载力特征值 $f_a = 3\ 700.0$ kPa

(4)拟建建筑物的重要性为二级建筑，建筑场地经平场后地形较为平坦，覆盖层平均厚度为7.49 m，最大厚度为10.30 m。根据《建筑抗震设计规范》(GB 50011—2010)中表4.1.6拟建场地土类别为中软场地土类型，据表4.1.6场地类别为Ⅱ类场地。工程区抗震设防烈度为6度，设计基本地震加速度值为0.05g，设计特征周期0.35 s，设计地震第一组区，拟建场地为可进行建设的抗震一般场地。

(5)中风化石灰岩分布连续、稳定，基岩面起伏较大，岩溶洞隙发育，地基稳定性较好，以中风化石灰岩作为基础持力层。

(6)根据场地水文地质情况调查分析，结合场地地下水洪、枯水位的变幅情况，考虑到洪水期，地下水位会升高一些，展示区地下室抗浮水位标高为 911.5 m，故地下水对地下室底板有一定影响，地下室底板和侧壁应按作抗浮和防水处理。A－1#、A－15#地下水静水位相对地下室底板标高较低，故地下水对地下室底板无较大影响，地下室底板和侧壁按上层滞水影响作防水处理。

(7)孔桩开挖时，当桩净距小于 2 倍桩径且小于 2.5 m 时，建议采用间隔开挖。

(8)浇筑孔桩时，相邻孔桩间距较小时，必须注意防止浇筑时挤垮相邻孔桩，避免上层软土由于侧向压力过大使邻近孔桩垮塌。

(9)如果地基持力层被水浸泡时间较长，必须重新清挖至岩石新鲜面，以满足地基持力层要求。

(10)拟建场区临近共青湖，地下水丰富，孔桩基坑涌水量较大，建议在场地外围设置排水沟，务必及时做好孔桩基坑抽排地下水工作。

(11)若基础施工中出现异常工程地质现象，请及时通知我公司本项目相关技术人员及相关单位现场商讨解决，确保拟建工程及施工安全。

(12)按照相关规范，建议对所有桩基础进行桩基检测，以保证桩基础施工质量。

附录三 “水校实训楼”初步整理勘察资料

一、勘察委托书

工程地质勘察委托书

工程名称	贵州省水利电力学校实训楼	工程地点	贵阳市宝山南路82号
建设单位	贵州省水利电力学校	联系人、电话	×××
设计单位	贵州省黔龙设计有限公司	联系人、电话	×××
勘察单位	贵州省黔驴勘察有限公司	联系人、电话	×××

建筑物名称	建筑物面积 长×宽(m×m)	结构类型	层次	基础形式	基础埋深	基础荷载(kN/柱)		地下室深度或地下室设施情况	设备情况	其他
						一般	最大			
贵州省水利电力学校实训楼	32×16	框架	6	桩基		2 500	4 500	无	无	

委托单位提供以下资料：

1. 总平面图一份。
2. 钻孔平面布置图一份。

委托的勘察工作内容及要求：

1. 查明场地岩土构成、特征、厚度及分布情况。
2. 查明有无不良地质现象及成因、类型、分布范围、发展趋势及危害程度，并提出评价与整治所需要的岩土技术参数和整治方案。
3. 提供各层岩土体的物理力学技术指标，为基础设计提供依据。
4. 查明地下水埋藏条件。
5. 评价场地稳定性及地基均匀性。
6. 提供合理的地基和基础设计方案及建议。
7. 一柱布置一个钻孔，共计钻孔18个。

委托单位(盖章)：

年 月 日

二、总平面图及钻孔平面布置图资料

总平面图中显示已知水准点位置及高程(1 062. 547 m),周围地形平缓,坡度在5°以内,无陡坎,无滑坡、泥石流,无永久建筑物。A 轴交 1 轴坐标(假设)为 X = 23 564. 154,Y = 36 484. 387。A 轴交 6 轴坐标为 X = 23 581. 361,Y = 36 508. 962。(建筑图横轴编号为数字,纵轴编号为字母,均从左下角开始编号;测量坐标 XY 与数学坐标 XY 相反)

A – B – C 轴线间距均为 7 m,①—②—③—④—⑤—⑥轴线间距均为 6 m。C 轴交 1 轴为 ZK1 钻孔,C 轴交 6 轴为 ZK6 钻孔,B 轴交 1 轴为 ZK7 钻孔,B 轴交 6 轴为 ZK12 钻孔,A 轴交 1 轴为 ZK13 钻孔,A 轴交 6 轴为 ZK18 钻孔。

三、钻孔资料

采用 2 台 XY – 100 型钻机钻孔,全站仪放样测量孔口高程及坐标,野外工作时间为 2013 年 6 月 12 ~ 20 日,钻孔结束后未观测到地下水位,岩层产状 50°∠30°。

ZK1:孔口高程 1 060. 44 m。

杂填土:Q^{ml} 0 ~ 4. 7 m 黑色、杂色,由混凝土、碎石、碎砖及黏土等组成,结构松散。

红黏土:Q^{el+dl} 4. 7 ~ 5. 6 m 褐黄色、硬塑状态。

5. 6 ~ 7. 4 m 褐黄色、可塑状态。

泥质灰岩:T_{2g} 7. 4 ~ 12. 4 m 中等风化,灰色、灰黄色,节理裂隙发育,较破碎,溶孔发育,有方解石充填。岩芯呈柱状、短柱状,少量碎块状,岩芯总长 3. 8 m,大于 10 cm 岩芯总长 2. 5 m。

ZK2:孔口高程 1 060. 45 m。

杂填土:Q^{ml} 0 ~ 3. 7 m 黑色、杂色,由混凝土、碎石、碎砖及黏土等组成,结构松散。

红黏土:Q^{el+dl} 3. 7 ~ 4 m 褐黄色、硬塑状态。

4 ~ 6. 2 m 褐黄色、可塑状态。

泥质灰岩:T_{2g} 6. 2 ~ 6. 7 m 强风化,灰黄色,岩芯呈砂状,岩芯总长 0. 2 m。

6. 7 ~ 11. 7 m 中等风化,深灰、灰黄色,节理裂隙发育,较破碎,溶孔发育,有方解石充填,偶夹灰黄色泥质白云岩。岩芯呈柱状、短柱状及碎块状,岩芯总长 4. 2 m,大于 10 cm 岩芯总长 2. 1 m。

ZK3:孔口高程 1 060. 52 m。

杂填土:Q^{ml} 0 ~ 3. 3 m 黑色、杂色,由混凝土、碎石、碎砖及黏土等组成,结构松散。

红黏土:Q^{el+dl} 3. 3 ~ 6. 0 m 褐黄色、硬塑状态。

泥质灰岩:T_{2g} 6. 0 ~ 6. 8 m 强风化,灰黄色,岩芯呈砂状,岩芯总长 0. 2 m。

6. 8 ~ 12. 3 m 中等风化,深灰、灰黄色,节理裂隙发育,较破碎,晶洞发育,有方解石充填。岩芯呈柱状、短柱状,少量碎块状,岩芯总长 4. 5 m,大于 10 cm 岩芯总长 3. 0 m。

ZK4:孔口高程 1 060. 5 m。

杂填土:Q^{ml} 0 ~ 5. 5 m 黑色、杂色,由混凝土、碎石、碎砖及黏土等组成,结构松散。

红黏土:Q^{el+dl} 5. 5 ~ 7. 3 m 褐黄色、硬塑状态。

7.3~9.0 m 褐黄色、可塑。

泥质灰岩：T_{2g} 9.0~9.6 m 强风化，灰黄色，岩芯呈砂状，岩芯总长0.2 m。

9.6~14.6 m 中等风化，深灰、灰黄色，节理、晶洞发育，有方解石充填，偶夹少量灰黄色泥质白云岩。岩芯呈柱状、短柱状及碎块状，岩芯总长3.2 m，大于10 cm岩芯总长2.1 m。

ZK5：孔口高程1 060.9 m。

杂填土：Q^{ml} 0~5.6 m 黑色、杂色，由混凝土、碎石、碎砖及黏土等组成，结构松散。

红黏土：Q^{el+dl} 5.6~7.6 m 褐黄色、硬塑状态。

7.6~9.9 m 褐黄色、可塑状态。

泥质灰岩：T_{2g} 9.9~10.2 m 强风化，灰黄色，岩芯呈砂状，岩芯总长0.1 m。

溶洞(隙)：Q^{el} 10.2~12.1 m 黏土夹碎石，围岩中风化。

泥质灰岩：T_{2g} 12.1~18.1 m 中等风化，深灰、灰黄色，节理裂隙发育，较破碎，溶孔发育，有方解石充填，偶夹少量灰黄色泥质白云岩。岩芯呈柱状、短柱状及碎块状，岩芯总长4.5 m，大于10 cm岩芯总长2.8 m。

ZK6：孔口高程1 060.22 m。

杂填土：Q^{ml} 0~5.8 m 黑色、杂色，由混凝土、碎石、碎砖及黏土等组成，结构松散。

红黏土：Q^{el+dl} 5.8~8.5 m 褐黄色、硬塑状态。

8.5~9.3 m 褐黄色、可塑状态。

泥质灰岩：T_{2g} 9.3~9.8 m 强风化，灰黄色，岩芯呈砂状，岩芯总长0.3 m。

溶洞(隙)：Q^{el} 9.8~11.5 m 黏土夹碎石，围岩中风化。

泥质灰岩：T_{2g} 11.5~16.7 m 中等风化，深灰、灰黄色，节理裂隙发育，较破碎，晶洞发育，有方解石充填，偶夹灰黄色泥质白云岩。岩芯呈柱状、短柱状，少量碎块状，岩芯总长4.3 m，大于10 cm岩芯总长1.7 m。

ZK7：孔口高程1 060.14 m。

杂填土：Q^{ml} 0~5.3 m 黑色、杂色，由混凝土、碎石、碎砖黏土及淤泥等组成，结构松散。

红黏土：Q^{el+dl} 5.3~7.4 m 褐黄色、硬塑状态。

7.4~8.3 m 褐黄色、可塑状态。

泥质灰岩：T_{2g} 8.3~13.3 m 中等风化，深灰、灰黄色，节理发育，方解石胶结，中夹灰黄色泥质白云岩。岩芯呈柱状、短柱状，岩芯总长4.5 m，大于10 cm岩芯总长2.6 m。

ZK8：孔口高程1 060.35 m。

杂填土：Q^{ml} 0~4.8 m 黑色、杂色，由混凝土、碎石、碎砖、黏土及淤泥等组成，结构松散。

红黏土：Q^{el+dl} 4.8~6.0 m 褐黄色、硬塑状态。

泥质灰岩：T_{2g} 6.0~6.4 m 强风化，灰黄色，岩芯呈砂状，岩芯总长0.2 m。

6.4~11.6 m 中等风化，深灰、灰黄色，节理裂隙发育，较破碎，溶孔发育，有方解石充填。岩芯呈柱状、短柱状及碎块状，岩芯总长4.4 m，大于10 cm岩芯总长3.3 m。

ZK9：白云岩，孔口高程1 060.42 m。

杂填土：Q^{ml}　0 ~3. 5 m 黑色、杂色，由混凝土、碎石、碎砖及黏土等组成，结构松散。

红黏土：Q^{el+dl} 3. 5 ~4. 0 m 褐黄色、硬塑状态。

4. 0 ~7. 2 m 褐黄色、可塑状态。

泥质灰岩：T_{2g} 7. 2 ~8. 0 m 强风化，岩芯呈砂状，岩芯总长 0. 3 m。

8. 0 ~8. 7 m 中等风化，深灰、灰黄色，岩芯呈柱状，岩芯总长 0. 5 m，大于 10 cm 岩芯总长 0. 3 m。

溶隙：Q^{el}　8. 7 ~9. 4 m 可塑红黏土充填，围岩中风化。

泥质灰岩：T_{2g} 9. 4 ~11. 0 m 中等风化，灰、灰黄色，岩芯呈短柱状，溶孔发育，岩芯总长 1. 5 m，大于 10 cm 岩芯总长 0. 5 m。

溶隙：Q^{el}　11. 0 ~11. 9 m 可塑红黏土充填，围岩中风化。

泥质灰岩：T_{2g} 11. 9 ~17. 2 m 中等风化，深灰、灰黄色，节理裂隙较发育，有方解石充填。岩芯呈柱状、短柱状，少量碎块状，岩芯总长 4. 6 m，大于 10 cm 岩芯总长 3. 5 m。

ZK10：孔口高程 1 060. 54 m。

杂填土：Q^{ml}　0 ~3. 8 m 黑色、杂色，由混凝土、碎石、碎砖及黏土等组成，结构松散。

红黏土：Q^{el+dl} 3. 8 ~5. 5 m 褐黄色、硬塑状态。

5. 5 ~7. 1 m 褐黄色、可塑状态。

泥质灰岩：T_{2g} 7. 1 ~8. 2 m 强风化，灰、灰黄色，岩芯呈砂状及碎块状，岩芯总长 0. 3 m，大于 10 cm 岩芯总长 0 m。

泥质灰岩：T_{2g} 8. 2 ~9. 6 m 中等风化，深灰、灰黄色，节理裂隙发育，较破碎，晶洞发育，有方解石充填。岩芯呈柱状、短柱状及碎块状，岩芯总长 0. 8 m，大于 10 cm 岩芯总长 0. 3 m。

溶隙：Q^{el}　9. 6 ~10. 1 m 可塑红黏土充填，围岩中风化。

泥质灰岩：T_{2g} 10. 1 ~10. 5 m 中等风化，深灰、灰黄色，节理裂隙发育，较破碎，晶洞发育，有方解石充填。岩芯呈柱状、短柱状及碎块状，岩芯总长 0. 2 m，大于 10 cm 岩芯总长 0. 2 m。

溶隙：Q^{el}　10. 5 ~11. 2 m 可塑红黏土充填，围岩中风化。

泥质灰岩：T_{2g} 11. 2 ~17 m 中等风化，深灰、灰黄色，节理裂隙发育，较破碎，晶洞发育，有方解石充填。岩芯呈柱状、短柱状及碎块状，岩芯总长 4. 8 m，大于 10 cm 岩芯总长 2. 8 m。

ZK11：孔口高程 1 059. 98 m。

杂填土：Q^{ml}　0 ~4. 3 m 黑色、杂色，由混凝土、碎石、碎砖及黏土等组成，结构松散。

红黏土：Q^{el+dl} 4. 3 ~6. 3 m 褐黄色、硬塑状态。

泥质灰岩：T_{2g} 6. 3 ~6. 7 m 强风化，岩芯呈砂状，岩芯总长 0. 1 m。

6. 7 ~11. 7 m 中等风化，深灰、灰黄色，节理裂隙发育，较破碎，晶洞发育，有方解石充填，偶夹灰黄色泥质白云岩。岩芯呈柱状、短柱状及碎块状，岩芯总长 4. 5 m，大于 10 cm 岩芯总长 3. 5 m。

ZK12：孔口高程 1 059. 95 m。

杂填土：Q^{ml}　0 ~4. 3 m 黑色、杂色，由混凝土、碎石、碎砖、黏土及淤泥等组成，结构松散。

红黏土：Q^{el+dl} 4.3～6.9 m 褐黄色、硬塑状态。

泥质灰岩：T_{2g} 6.9～7.4 m 强风化，岩芯呈砂状，岩芯总长0.2 m。

7.4～12.4 m 中等风化，深灰、灰黄色，节理裂隙发育，较破碎，晶洞发育，有方解石充填，中夹灰黄色泥质白云岩。岩芯呈柱状、短柱状及碎块状，岩芯总长4.2 m，大于10 cm岩芯总长1.5 m。

ZK13：孔口高程1 059.97 m。

杂填土：Q^{ml} 0～3.8 m 黑色、杂色，由混凝土、碎石、碎砖及黏土等组成，结构松散。

红黏土：Q^{el+dl} 3.8～5.2 m 褐黄色、硬塑状态。

泥质灰岩：T_{2g} 5.2～5.6 m 强风化，岩芯呈砂状，岩芯总长0.2 m。

5.6～10.6 m 中等风化，深灰、灰黄色，节理裂隙发育，较破碎，溶孔发育，裂隙多被方解石充填。岩芯呈柱状、短柱状及碎块状，岩芯总长4.4 m，大于10 cm岩芯总长2.8 m。

ZK14：孔口高程1 060.07 m。

杂填土：Q^{ml} 0～3.0 m 黑色、杂色，由混凝土、碎石、碎砖及黏土等组成，结构松散。

红黏土：Q^{el+dl} 3.0～5.0 m 褐黄色、硬塑状态。

5.0～9.5 m 褐黄色、可塑状态。

泥质灰岩：T_{2g} 9.5～10 m 强风化，岩芯呈砂状，岩芯总长0.1 m。

10～15.5 m 中等风化，深灰、灰黄色，节理、晶洞发育，有方解石充填，中夹灰黄色泥质白云岩。岩芯呈柱状、短柱状及碎块状，岩芯总长4.0 m，大于10 cm岩芯总长1.8 m。

ZK15：孔口高程1 060 m。

杂填土：Q^{ml} 0～2.6 m 黑色、杂色，由混凝土、碎石、碎砖及黏土等组成，结构松散。

红黏土：Q^{el+dl} 2.6～5.1 m 褐黄色、硬塑状态，中夹岩石碎屑。

泥质灰岩：T_{2g} 5.1～6.2 m 强风化，灰黄色，岩芯呈砂状及碎块状，岩芯总长0.3 m。

6.2～8.1 m 中等风化，灰色，中夹灰黄色泥质白云岩。岩芯呈柱状，岩芯总长1.0 m。

溶（洞）隙：Q^{el} 8.1～8.4 m 可塑红黏土充填，围岩中风化。

泥质灰岩：T_{2g} 8.4～13.9 m 中等风化，深灰、灰黄色，节理裂隙发育，较破碎，溶孔发育，有方解石充填。岩芯呈柱状、短柱状，少量碎块状，岩芯总长4.8 m，大于10 cm岩芯总长2.8 m。

ZK16：孔口高程1 059.89 m。

杂填土：Q^{ml} 0～5.2 m 黑色、杂色，由混凝土、碎石、碎砖、黏土及淤泥等组成，结构松散。

红黏土：Q^{el+dl} 5.2～7.0 m 褐黄色、硬塑状态。

泥质灰岩：T_{2g} 7.0～7.6 m 强风化，岩芯呈砂状，岩芯总长0.2 m。

7.6～12.6 m 中等风化，深灰、灰黄色，节理裂隙发育，较破碎，晶洞发育，有方解石充填，偶夹灰黄色泥质白云岩。岩芯呈柱状、短柱状及碎块状，岩芯总长3.8

m,大于10 cm岩芯总长1.5 m。

ZK17:孔口高程1 059.84 m。

杂填土:Q^{ml}　0~3.8 m黑色、杂色,由混凝土、碎石、碎砖黏土及旧房基础等组成,结构松散。

红黏土:Q^{el+dl} 3.8~4.5 m褐黄色、硬塑状态。

泥质灰岩:T_{2g} 4.5~6.4 m强风化,岩芯呈砂状及碎块状,岩芯总长0.8 m。

6.4~11.4 m中等风化,深灰、灰黄色,节理裂隙发育,较破碎,溶孔发育,有方解石充填,偶夹灰黄色泥质白云岩。岩芯呈柱状、短柱状及碎块状,岩芯总长4.0 m,大于10 cm岩芯总长2.5 m。

ZK18:孔口高程1 060.32 m。

杂填土: Q^{ml}　0~3.5 m黑色、杂色,由混凝土、碎石、碎砖及黏土等组成,结构松散。

红黏土:Q^{el+dl} 3.5~6.4 m褐黄色、硬塑状态。

泥质灰岩:T_{2g} 6.4~6.9 m强风化,灰黄色,岩芯呈砂状,少量碎块状,岩芯总长0.2 m。

6.9~12.8 m中等风化,深灰、灰黄色,节理裂隙发育,较破碎,溶孔发育,有方解石充填,偶夹灰黄色泥质白云岩。岩芯呈柱状、短柱状,少量碎块状,岩芯总长4.5 m,大于10 cm岩芯总长3.1 m。

四、试验资料

表1　岩石抗压试验报告表

工程名称:贵州省水利电力学校实训楼

钻孔编号	岩样编号	岩石名称	取样深度(m)	岩石尺寸		面积(cm^2)	体积(cm^3)	湿重(g)	密度(g/cm^3)	纵波波速(m/s)	破坏荷载(kN)	岩石饱和单轴抗压强度(MPa)
				高(cm)	直径(cm)							
ZK1		泥质灰岩	8.7~8.9	12.24	7.20	40.72	498.41	1 350	2.71	5 610	152.0	37.3
ZK2		泥质灰岩	7.0~7.2	11.25	7.00	38.48	432.9	1 150	2.66	6 825	176.0	45.7
			9.3~9.5	14.00	7.01	38.59	540.26	1 425	2.64	5 910	130.0	33.7
ZK9		泥质灰岩	10.0~10.2	12.34	3.98	38.26	472.13	1 285	2.72	7 060	208.0	54.4
			13.5~13.7	8.10	7.13	39.93	323.43	865	2.67	4 800	82.0	20.5
			15.8~16.0	14.22	7.13	39.93	567.8	1 495	2.63	7 884	244.0	61.1
ZK10		泥质灰岩	11.5~11.7	8.78	7.20	40.72	357.52	955	2.67	6 551	184.0	45.2
ZK14		泥质灰岩	11.3~11.5	8.63	7.18	40.49	349.43	945	2.70	5 998	111.0	45.2
ZK16		泥质灰岩	8.4~8.6	13.46	7.04	38.93	524.00	1 400	2.67	6 768	179.0	46.0
ZK17		泥质灰岩	9.0~9.2	14.50	7.30	41.85	606.83	1 580	2.60	6 990	201.0	48.0

表2 土工试验报告表

工程名称:贵州省水利电力学校实训楼

钻孔编号	取样深度(m)	含水率(%)	密度(g/cm^3)	比重	饱和度(%)	孔隙比	液限(%)	塑限(%)	塑性指数	液性指数	含水比	内摩擦角(°)	内聚力(kPa)	压缩系数(MPa^{-1})	压缩模量(MPa)
ZK2	4.2~4.4	52.2	1.68	2.76	95	1.484	73.3	38.9	34.4	0.36	0.71	15.8	48.3	0.3	8.3
ZK3	5.6~5.8	34.3	1.83	2.77	92	1.033	52.4	28.0	24.4	0.26	0.65	12.4	56.4	0.23	8.8
ZK4	6.0~6.2	51.6	1.67	2.74	95	1.487	77.8	41.4	36.4	0.28	0.66	10.8	42.7	0.32	7.8
	8.5~8.7	59.2	1.62	2.68	97	1.629	83.4	41.5	41.8	0.42	0.71	6.7	40.3	0.38	6.9
ZK5	6.2~6.4	33.6	1.88	2.76	97	0.958	50.9	23.9	27.0	0.36	0.66	11.3	50.4	0.22	8.9
	9.0~9.2	41.0	1.74	2.66	94	1.160	57.6	29.6	28.0	0.41	0.71	10.4	52.3	0.33	6.5
ZK9	4.2~4.4	44.6	1.75	2.65	99	1.188	63.1	30.4	32.7	0.43	0.71	13.6	47.5	0.30	7.3
	5.3~5.5	48.0	1.70	2.73	95	1.379	61.3	30.6	30.7	0.57	0.78	8.4	43.5	0.4	6.0
ZK10	4.0~4.2	39.3	1.79	2.80	93	1.183	61.4	28.3	33.0	0.33	0.64	11.6	41.2	0.30	7.3
ZK14	3.5~3.7	38.0	1.80	2.80	93	1.143	57.9	29.2	28.7	0.31	0.66	12.2	51.5	0.27	7.9
	5.5~5.7	38.0	1.81	2.75	95	1.097	53.4	27.5	25.9	0.41	0.71	11.5	51.5	0.27	7.8
	9.0~9.2	44.0	1.74	2.79	94	1.305	55.3	28.9	26.4	0.57	0.80	9.5	49.9	0.34	6.7
ZK15	4.8~5.0	45.8	1.72	2.79	94	1.365	74.4	36.8	37.6	0.24	0.62	13.6	45.4	0.28	8.5

参 考 文 献

[1] 郭超英. 岩土工程勘察[M]. 北京:地质出版社,2007.
[2] 中华人民共和国住房和城乡建设部. 房屋建筑和市政基础设施工程勘察文件编制深度规定[M]. 北京:中国建筑工业出版社,2010.
[3] 中国工程建设标准化协会. 岩土工程勘察报告编制标准[S]. 北京:中国建筑工业出版社,1998.
[4] 中华人民共和国住房和城乡建设部. 岩土工程勘察规范[S]. 北京:中国建筑工业出版社,2009.
[5] 中华人民共和国住房和城乡建设部. 建筑地基基础设计规范[S]. 北京:中国建筑工业出版社,2011.